易懂！實用！雷射加工入門

金岡 優 編著

全華圖書股份有限公司

【 前言 】

人類在 1960 年時，首次取得了屬於人造光源的雷射光。並由那時開始，將雷射技術活用於多種用途中，其中最受到矚目的用途為雷射加工。且直到最近為止，製造業的加工方法一般皆採用讓工具接觸被加工物，進行加工的方法。但這種接觸式的加工方法，被指出已無法滿足近年來工業產品要求的高精準度與高性能的製造工藝。因此讓屬於非接觸式加工方法的雷射加工受到期待。雷射加工係將聚光於微小焦點的高能量密度雷射光，照射在被加工物（工作物）上，讓其產生融化、去除、組織變化等現象的加工方法。由於雷射加工的優勢能充分滿足製造業的期待，故在汽車、電機、工具機、基礎設施設備等的大部分產業中，皆被作為生產手段使用並快速發展。

另外我相信，手上拿著這本書的您，一定也與雷射加工有某種關聯性。不知您在使用雷射加工機進行作業時，是否曾思考過以下事項？

「希望縮短加工時間」

「希望改善加工品質」

「希望減少加工疏失」

「希望有效率的執行加工前準備」

「希望正確計算出加工成本」

即使您自認對於雷射加工機的作業已非常拿手，但其實仍潛藏著許多改善的空間。相信在您的經驗中，一定曾有不能以「我原本不知道」，作為無法高效率作業之藉口的情況。因此必須盡早了解這些知識，並培育能實踐這些知識的能力。

現存與雷射加工有關的書籍，大多屬於雷射振盪原理、加工原理、雷射加工應用等內容，並無專門依據實際作業流程解說實踐內容的書籍。因此本書將重點放在實際進行雷射加工作業時的以下三個部分，以體系方式彙整了必需學會的知識。

① 構造、原理、裝備

② 準備工作的基礎知識

③ 實際作業與加工時的要點

　　此外本書解說的雷射加工，屬於在早期階段已實用化，大多數作業人員皆會接觸到的切割、焊接、焠火為中心的熱處理，以及鑽孔作業。說明時將以簡明易懂的方式，說明各部分的內容，其中①的部分，將說明會因構造而改變的運動特性差異，以及裝備的種類等，②的部分將說明會影響加工特性的要素，以及啟動前的確認事項等，③則會說明加工條件的求出方法，以及各加工作業應注意的要點等。

　　相信各位平日已非常忙碌，已無法另外投入大量時間在雷射加工機的學習作業上。且雷射加工的技能對於實際作業而言極為重要，屬於應在短期間內集中學會的技能。因此本人撰寫本書時，將重點放在「讓閱讀者能在最短時間內，學會實戰所需知識」上，以滿足以上兩點需求。期待各位能藉由實踐本書內容的方式，讓自己工作時朝「作業時間減半」、「成本減半」等的高水準目標邁進。而縮短作業時間一事，省下的不單只有時間，亦包含繁雜的程序，因此還能獲得「減少疏失」的效果。

　　另外本書中會一併解說加工時間與運行成本的試算方式，並說明使用之加工機進行維護保養的必要性等。希望這本以實踐性內容為主的書籍，能夠以某種型態，幫助即將開始從事或目前已在從事雷射加工製造業務的人士，掌握基礎知識。

　　最後本書出版時，曾獲得日刊工業新聞社出版局的書籍編輯部，以及許多相關人士的大力協助，特此致謝。

2020年6月　　　　　　　　　　　　　　　　　　　金岡　優

目　錄

【第 2 章】
雷射加工的
準備工作基礎知識

【第 3 章】
雷射加工機的
實際作業與加工時的要點

1　加工品質的確認內容

2　加工條件及其求出方式

3　切割時需掌握的要點

【 第 **1** 章 】

雷射加工機的
構造、原理、裝備

雷射振盪器的種類

❶　雷射振盪器

　　加工用的高功率輸出雷射，大致區分為氣體雷射與固態雷射兩種。加工鐵板用的氣體雷射，長久以來皆使用 CO_2 雷射，並依據**圖 1-1-1** 所示的放電方向、雷射氣體氣流的方向，以及雷射光的射出方向差異，區分為①三軸直交型與②高速軸流型兩種。儘管兩種類型的振盪器構成不同，但雷射的產生原理皆是以含有 CO_2 的混合氣體作為激發介質（雷射光產生來源），利用放電進行激發。由雷射振盪器射出的雷射光，會經由多個鏡片反射後，傳送至加工頭。

　　固態雷射原本使用以照明燈或半導體雷射，激發名為 YAG（Yttrium Aluminum Garnet 的縮寫）之玻璃狀結晶（固體）的方式，所產生的雷射。但這種類型存在著使用於連續高輸出的用途時，YAG 棒的內部會產生名為熱透鏡效應的熱變形，導致雷射光品質惡化的問題。業界為了降低此熱透鏡效應，因而研發出**圖 1-1-2** 所示的兩種類型，分別是使用光纖結晶作為激發介質的①光纖雷射，以及使用碟狀（片狀）結晶作為激發介質的②碟片狀雷射。這兩種類型的雷射光，皆透過光纖傳送至加工頭。此外業界雖然也會使用半導體雷射對樹脂與金屬進行直接加工。但半導體雷射在加工對象為金屬材料的情況下，無法產生切割所需的充分聚光性，故使用範圍被限定在局部切割，以及熱處理或焊接等用途。

❷　對加工的影響

　　表 1-1-1 為各種振盪器產生的雷射光波長。經由加工鏡聚光後的雷射光，基本上其波長越短時，越能集中於更小的光點內。由於光點徑越小時，越能獲得高能量的密度，因此讓金屬熔化的能力越強，越能進行高速加工。此外波長亦會受到工件（被加工物）的光束吸收特性影響。**圖 1-1-3** 為雷射光的波長與各種材料的吸收波長範圍 1），可看出波長越短時，各種材料的吸收率越高。高輸出半導體雷射對於鋁的吸收率，高達光纖雷射的 2 倍，CO_2 雷射的 10 倍，因此使得熱處理與焊接的用途不斷擴大。但

半導體雷射仍存在一個最大的問題，那就是先前所述的聚光特性過低，因此業界期待改善聚光特性的研究，能讓其擴大適用於切割領域。

圖1-1-1 | 氣體雷射

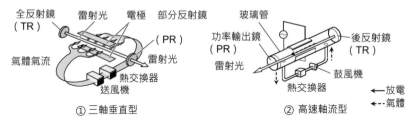

① 三軸垂直型　　　　　　　　② 高速軸流型

圖1-1-2 | 固態雷射

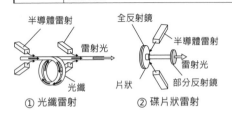

① 光纖雷射　　　② 碟片狀雷射

表1-1-1 | 各種雷射光的波長

分類	雷射種類	波長（μm）
氣體雷射	CO_2雷射	10.6
固態雷射	光纖雷射	1.07
	碟片狀雷射	1.03
	半導體雷射	1.04 ~ 0.81

圖1-1-3 波長和吸收率的關係（光束吸收率特性）

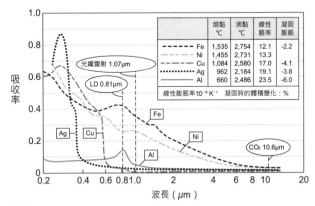

	熔點 ℃	沸點 ℃	線性膨脹率	凝固膨脹
Fe	1,535	2,754	12.1	-2.2
Ni	1,455	2,731	13.3	
Cu	1,084	2,580	17.0	-4.1
Ag	962	2,184	19.1	-3.8
Al	660	2,486	23.5	-6.0

線性膨脹率$10^{-6} K^{-1}$　凝固時的體積變化：%

要點｜筆記

金屬加工用的雷射振盪器，正確實的逐漸由CO_2雷射轉變為光纖雷射，且預估此趨勢今後仍會延續。但CO_2雷射在不鏽鋼的切割面品質與非金屬加工的要求方面，仍保留著優勢。

雷射加工系統的構成

雷射振盪器是在產生雷射光用的諧振器上，加裝電源與冷卻裝置（冷卻機）所構成，而氣體雷射除了前述部分外，還須加上雷射氣體的供應與循環裝置。雷射加工系統則是指涵蓋前述振盪器，將振盪器射出的雷射光傳送至加工位置用的結構，以及加工所需功能的構成等所有部分在內的系統。

❶ CO_2雷射加工機的構成

CO_2雷射的加工系統如**圖 1-1-4** 所示。負責直接冷卻加工機系統的一次側冷卻系統，會進一步被水冷方式或氣冷方式的二次側冷卻系統冷卻。圖中為使用水冷方式的冷卻水塔作為二次側冷卻系統的範例。雷射氣體的供應方式分為兩種，一種為由事先已將所需氣體組成混和完成的鋼瓶進行供應，另一種則是將組成成分的個別氣體（鋼瓶）並排，待使用時再進行混合。在 CO_2 雷射加工機的情況下，由於雷射氣體的消耗量較少，故通常採用事先已將所需氣體組成混合好的鋼瓶。

由振盪器射出的雷射光，會通過配置著銅反射鏡的光路內部（空間），傳送至加工頭。為避免通過的雷射光衰減與銅反射鏡髒污，此光路內部必須維持在高潔淨度的狀態（正氣壓吹淨）。因此需加裝產生吹淨用乾燥空氣所需的吹淨用壓縮機，或是氮氣供應裝置。傳送至加工頭後的雷射光，會經由加工鏡聚光後，再由噴嘴連同輔助氣體一起照射於工件上。此輔助氣體須依據加工對象與加工量，分別使用不同的氣體種類與氣體供應裝置。此外為了能讓加工台或加工頭高速且高精度的移動，並對雷射光進行高速控制，還備有數值控制裝置（CNC）。並且亦需要製作加工形狀程式用的 CAD/CAM 裝置。

❷ 光纖雷射加工機的構成

光纖雷射的加工系統如**圖 1-1-5** 所示。光纖雷射加工系統與 CO_2 雷射加工系統的主要差異，包含光纖雷射不需要雷射氣體供應裝置，以及雷射光是透過光纖由振盪器傳送至加工頭，因此不需要光路的正氣壓吹淨功能，此外由於電力轉換為雷射光的效率極高，因此能將冷卻裝置小型化

等。由於雷射光係透過光纖傳送，因此在大型加工台與機器人的系統中，能簡化系統構成。

圖1-1-4　CO2雷射加工系統的構成

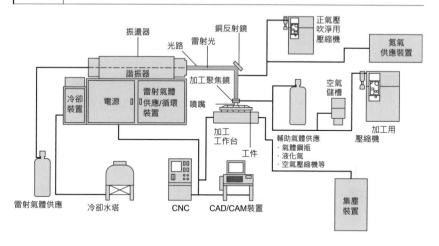

圖1-1-5　光纖雷射加工系統的構成

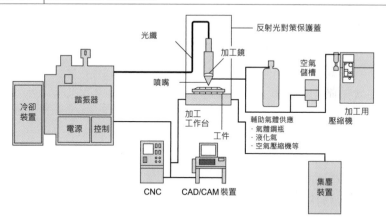

要點　筆記

　由振盪器射出的雷射光採用反射鏡或光纖傳送時，兩種方式的保養維護性存在極大差異。而在雷射普及至與一般工具機組合等用途的背景中，光纖傳送的保養維護性亦發揮了巨大貢獻。

切割用加工機上的雷射光照射

　　以雷射進行切割時，切割品質會受到工件（被加工物）表面與雷射光照射角度之間的關係影響。**圖** 1-1-6 為雷射光垂直照射與斜向照射工件表面時的差異。由於斜向照射相對於直角照射，其切割溝槽肩部 a 的形狀角度較小，因此熱能容易集中在該部分，導致切割面的品質惡化。此外輔助氣體會吹入切割溝槽內，且流動狀態也會變得不穩定，故可能會在背面產生熔渣。

❶　二次元雷射加工機

　　在工件為扁平板的二次元雷射加工機上，雷射光固定以朝下的狀態進行照射，故加工時不須控制雷射光的照射角度。因此切割機採用如**圖** 1-1-7 所示般，在 X-Y 的平面內驅動雷射光或工作台（工件）的方式進行加工。該圖中的①為讓雷射光一併進行 X 軸與 Y 軸移動的光束移動方式，②是雷射僅進行單軸（X 軸）移動，另一軸（Y 軸）則是讓工作台移動的混合方式，③則是 X 軸與 Y 軸的移動皆利用工作台完成的工件移動方式。

　　選擇這幾種驅動方式時，必須先考慮加工物本身的情況屬於試作物較多或是比較要求生產速度後再行決定。

❷　三次元雷射加工機

　　切割工件表面的角度會連續改變的沖壓成形品等對象時，並非如**圖** 1-1-8 之①所示般，在由 X 軸與 Y 軸構成的平面外，再加上 Z 軸方向，進行 3 軸控制，而需如②般，固定對工件表面垂直照射雷射與噴射輔助氣體。雖然圖中的②呈現的是讓雷射光配合所有軸向移動的光束移動方式，但其實 3D 雷射加工機共有①光束移動方式、②混合方式、以及③工件移動方式 3 種類型，需依據加工對象與使用目的選擇加工機的種類。

　　對加工對象追加鋼管等管材的加工時，三次元雷射加工機須在原本的 5 軸控制外追加 1 個旋轉軸，變為 6 軸控制，二次元雷射加工機則需在原本的 3 軸控制外追加 1 個旋轉軸，變為 4 軸控制。

圖1-1-6 | 雷射光的照射和加工品質

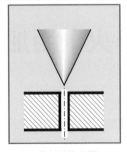
①垂直照射工件表面

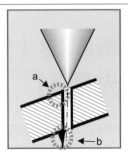
②斜向照射工件表面

圖1-1-7 | 二次元雷射加工機方式

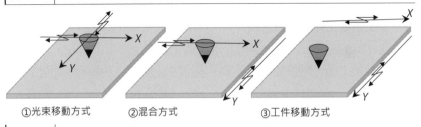

①光束移動方式 ②混合方式 ③工件移動方式

圖1-1-8 | 三次元雷射加工機方式

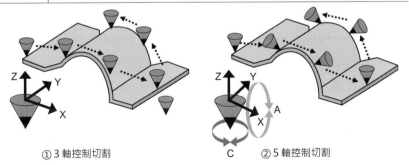

①3軸控制切割 ②5軸控制切割

要點 | 筆記

如希望將高速切割性能發揮至極限時,以讓較輕的加工頭移動的光束移動方式較佳。如希望邊觀察加工狀況邊進行加工時,則以雷射光固定的工件移動方式較佳。而混合方式則是兼具雙方的優點。

焊接、熱處理（焠火）用加工機上的雷射光照射

雖然雷射焊接時的工件表面與雷射光照射角度之間的關係，與切割時呈現相同趨勢，但對加工品質的影響卻相對較小。加工機的方式一般採用與三次元雷射切割機共用的構造，或是與機械手組合的構成。在讓雷射光束移動或是讓工件移動的部分，亦須配合加工內容選擇最合適的方式。

❶ 加工頭或工件掃描的方式

圖 1-1-9 為由振盪器透過鏡片傳送與光纖傳送導引雷射光，將該雷射光聚光於加工頭，再讓加工頭移動，或是加工頭固定不動，而是讓工件移動的方式。

在該圖的①中，一般採用讓機械手握住加工頭的系統，並且被使用於量產加工中。但這種方式存在製作程式非常耗時的問題，因此在加工數量較少的試作等情況下，有時也會採用由作業人員手動移動加工頭的方法。

該圖的②則是加工頭固定不動，利用機器人或旋轉治具等設備，讓工件移動的構成。儘管此方式相對較容易處理，但僅能適用小尺寸的量產加工品。

❷ 利用掃描器讓光束掃描的方式

圖 1-1-10 為利用高速掃描振鏡，讓雷射光高速移動的系統。以此種方式進行之焊接，又被稱為掃描焊接或遠距焊接。其照射的雷射光移動速度極快，即使是狹窄的部分，只要能導引雷射光進入的話，即可進行焊接。

依據負責將雷射光聚光的鏡片設置的位置，區分為兩種系統，一種為設置在掃描頭前方的系統，另一種則是設在後方的系統。由聚光鏡片至工件間的距離會影響光束的聚光特性，在該圖①屬於短焦距鏡片的構成中，可將聚光的光束點徑縮小。相對的②則是較容易配合照射位置移動加工聚光鏡片，屬於能在大範圍內高速控制焦點位置的構成。故被用於相對較大型的立體形狀加工中。

圖1-1-9 加工頭移動或工件移動的方式

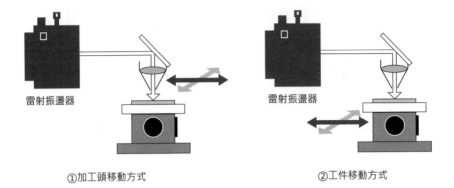

①加工頭移動方式　　　　　　　　　　②工件移動方式

圖1-1-10 利用高速掃描振鏡讓光束掃描的方式

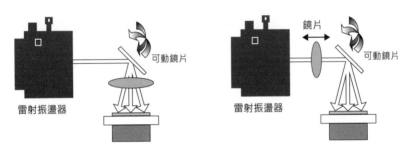

①將聚焦鏡設置於高速掃描裝置的後方　　②將聚焦鏡設置於高速掃描裝置的前方

要點｜筆記

焊接、熱處理的雷射照射方式，除了讓加工頭或工件移動的方式外，
另有使用高速掃描振鏡讓光束移動，能在大範圍的高速加工中發揮效果
的類型。但此方式僅適用於被加工物不須以輔助氣體屏蔽的對象。

鑽孔用加工機上的雷射光照射

使用雷射進行微細鑽孔的作業，被要求能以較小的孔徑進行高生產性加工。因此讓加工孔小尺寸化所需的雷射光直徑縮小技術，以及獲得高生產性所必須，讓反射雷射光用的鏡片高速擺動的技術，扮演著重要的角色。

❶ 鑽孔用雷射加工機的構成

圖 1-1-11 為鑽孔用雷射加工機上，負責傳輸雷射光的光路，負責聚光的光學系統，以及加工台（X-Y 工作台）。由振盪器射出的雷射光，會先透過由光罩與平行集光鏡構成的影像轉寫光學系統，將光束的形狀與直徑最佳化後，再由加工鏡片聚光至微小的點徑中。

至於高生產性部分，則是配備能高速且高精準度的將照射之雷射光定位的高速掃描振鏡因應。被高速掃描振鏡的可動鏡片導引向工件的雷射光，會因為高速掃描振鏡鏡片的擺動角度，變得以斜向狀態進行照射。因此加工聚光鏡片採用能將雷射光修正成垂直照射的 fθ 鏡片。

加工台為了能在短時間內以高精度定位工件，配備了能針對預先設定在工件上的定位靶點，用影像感測器來進行辨識。

❷ 雷射光的照射方法

能照射雷射光，進行高精度加工的區域（範圍），被限制在非常狹小的尺寸內。故加工方法採用如圖 1-1-12 所示般，以逐一移動至下個可加工區域的方式，進行加工的步進重複（Step & Repeat）方式。

加工孔的位置精度，為工作台的定位精度與高速掃描振鏡的定位精度合計值。此外鑽孔加工的生產性，會大幅受到各個鑽孔加工所需的雷射光射擊發數、高速擺動鏡片的速度、以及各區域的移動速度影響。而射擊發數、高速擺動鏡片的速度、以及區域與區域之間的移動速度，則會進一步受到雷射振盪器的性能、高速掃描振鏡的性能、以及加工機的動態性能大幅影響。故為了縮短加工時間，採用了讓高速掃描振鏡的控制動作與工作台的控制動作同步（Synchronize）的技術，亦即讓高速掃描振鏡與工作台同時移動運作的技術。

圖1-1-11 鑽孔用雷射加工機的基本構成

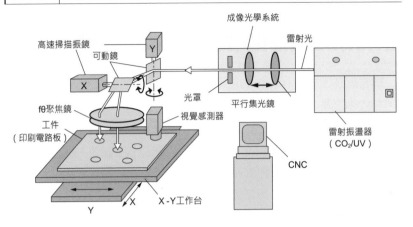

圖1-1-12 步進重複（Step & Repeat）方式

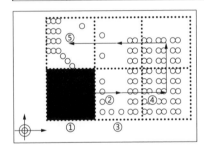

①用高速掃描振鏡逐一移動至下個可加工區域
②移動至下一個區域
③用高速掃描振鏡進行加工的下一個區域
④移動至下一個區域
⑤最終加工區域

要點 筆記

在鑽孔加工中，除了利用高速掃描振鏡進行之高速且高精準度的動作外，
同步（**Synchronize**）技術亦對生產性提供了極大的貢獻。如希望進一步要求
高生產性時，亦有能將雷射光分光，同時對多個工件進行加工的系統。

雷射加工機必要準備的廠務

　　讓雷射加工機運作所需的廠務，如**圖 1-2-1** 的配管/配線系統圖所示般，包含水、電力、以及氣體。

❶ 水配管系統

　　將電力能源轉換為雷射光時，若雷射的轉換效率越差，越容易產生多餘的熱能，故冷卻用的水配管系統扮演著非常重要的角色。其中由冷卻裝置（冷卻機）負責直接冷卻振盪器，接著再由使用風扇的氣冷方式，或是使用冷卻水塔的水冷方式，進一步冷卻冷卻裝置。

　　且備有處理冷凝水用的排水配管，以及補充蒸發水分用的補充用水配管系統。插圖中的 TS1 與 TS2 代表控制水溫的溫度開關，FS 代表控制水量的浮球開關，P 代表循環泵浦，H 代表針對寒冷地區加裝的加熱器。配管材質使用鍍鋅的 SGPW。

❷ 電力配線系統

　　以高壓電送電至工廠的電力，將被高壓受電設備的配電箱降壓至各設備所需的電壓後，再透過分電盤分配給各設備。

　　若電線或電力設備的絕緣不佳時，電力將流往不須用電的位置，進而流向大地引發漏電。而讓此外流的電力盡量由容易通過（電阻較小）的部位流向地面的方法，稱為接地（Earth）。由於電流可流通的電量，取決於電源線內電線的數量、裝入電線的電管、環境溫度、以及電線的種類，故請準用原廠指定的規格。

　　內建於振盪器配電盤內的高頻電源，可能會因電源線路或空中的雜訊產生故障。其對策為利用雜訊濾波器或接地用電容器減少雜訊，以及將去除後的高頻雜訊作為高頻外洩電流，導向 A 類接地釋出。而 D 類接地適用於 300V 以下的低壓用設備。

❸ 氣體配管系統

　　雷射加工系統需使用各種氣體，例如加工用氣體、維護保養用氣體、光路吹淨用氣體、以及操作用氣體等。尤其是需要大量氣體流量的無氧化切割，若配管距離較長時，須注意配管管徑是否能確保足夠流量。此外對

於可能產生焊濺物的雷射加工而言，採用金屬配管與濺鍍物防範對策皆為基本措施。

❹ 高壓空氣配管系統

高壓空氣使用於加工機主機上工件的夾持、工件升降機、加工交換床台之固定用途，以及清除附著在集塵機濾網上的粉塵等用途。在流量的平均化部分，採用在高壓壓縮機上加裝（高壓空氣）緩衝儲存槽的設計。

圖1-2-1 ｜ 廠務端的配管、配線系統圖

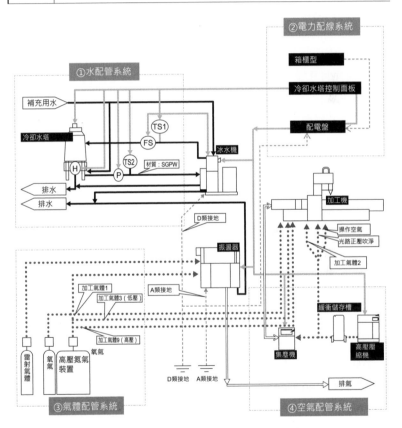

要點 ｜ 筆記

> 在安裝加工機前進行之水、電力、氣體的配管與配線之準備作業，稱為一次側工程。此一次側工程建議採用能因應未來增設或更換加工機需求的設備。

數值控制裝置（CNC）

數值控制裝置（CNC）藉由以數值資訊發出指令的方式，控制雷射加工機的動作，主要負責以下 4 種功能。

❶ 定位控制

本功能為讓雷射光與工件移動至目的位置之控制動作，包含**圖 1-2-2** 所示的①非插補控制與②插補控制（路徑控制、輪廓控制）。非插補控制僅控制移動完成時的位置，屬於不要求自 P1 經由何種路徑前往 P3，只要求"如何快速且正確"定位的控制方式。插補控制為讓雷射光完全依照指令移動，重視雷射光通過之 P1 至 P2 間軌跡的控制方式，以讓各軸的運動彼此相關的方式進行控制。

❷ NC軸控制

本功能屬於讓雷射光與工件快速移動所需之驅動裝置及馬達的相關控制，其控制流程如**圖 1-2-3** 所示。依據控制裝置逐一發出的指令內容，讓雷射光與工件移動。為了針對指令正確執行設備之定位與速度的控制動作，以驅動裝置偵測設備動作相對於指令的結果，執行減少誤差的控制。

❸ 順序控制

除了定位控制外，亦須利用順序控制功能控制周邊設備。此功能負責控制與外部之間的輸入與輸出，與定位以外的其他動作皆有關。例如按下開始運轉鈕後，將先確認是否已讀取程式，以及安全門板是否已關閉等情況，確認沒問題後，再開始自動運轉。並且會自動開啟與關閉多個開關，以及將加工機與加工的狀態通知操作人員。這類處理皆以順序控制執行。

❹ HMI（Human Machine Interface）

扮演使用者與設備之間溝通橋樑的功能，不僅能運轉設備（執行程式與確認狀態），亦能執行編輯程式與設定參數等各種動作。在**圖 1-2-4** 所示的運轉畫面範例中，可確認各軸的座標與程式等，以及輸入與編輯自動加工用的程式。

圖1-2-2 定位功能

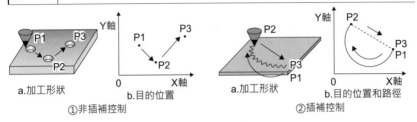

a.加工形狀　b.目的位置
①非插補控制

a.加工形狀　b.目的位置和路徑
②插補控制

圖1-2-3 控制流程

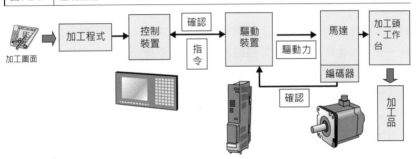

加工圖面 → 加工程式 → 控制裝置 → 確認 指令 → 驅動裝置 → 驅動力 → 馬達 編碼器 → 加工頭、工作台 → 加工品

確認

圖1-2-4 運轉畫面範例

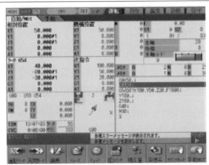

要點 筆記

數值控制裝置為讀取NC程式，對馬達與振盪器發出指令，進行控制的裝置。目前的雷射加工機皆在Windows上對控制裝置進行控制。

雷射光的聚光特性

以下要藉由將陽光及燈泡等自然光與雷射光進行比較的方式，了解可獲得雷射加工所需之高能量密度的雷射光特徵。

❶ 高聚光特性與高能量密度

圖 1-2-5 為自然光與雷射光的差異。①自然光的聚焦能力較弱，致使其點徑較大，無法達到加工所需的能量密度。相對的②聚焦能力較強的雷射光，則能達到可進行加工的能量密度。其中第 1 個原因為陽光含有紅外線、可見光、紫外線、或是輻射線，因此會依據不同波長的折射率產生多個焦點。相反的雷射光為單一波長，能聚焦於一個焦點上。

第 2 個原因為指向性的差異。會朝向各種方向前進，指向性較低的自然光，其光線會擴散導致能量密度下降，且聚光特性亦會下降。雷射光則不會擴散，即使在較遠的位置依然能維持高能量密度，且理論上能聚焦於一點。

第 3 個原因則是光之波形（波峰與波谷）的相位差異。雷射光的相位固定不變，自然光則非常混亂。一般將光波（波動）重疊時，若兩個以上的相同波動在同一點一致時，相同相位將相互產生相長作用，相反的相位則會發生相消干擾。圖 1-2-6①為將兩個波動的峰頂與峰頂調整為一致時，合成振幅將變為 2 倍的情況，②則是將兩個波動的峰頂與谷底調整為一致時，振幅將被抵銷變為「0」的情況。雷射光可藉由此方式，透過重疊的手法人為加強。

❷ 熱透鏡效應

使用髒污的加工鏡時，將引發會導致雷射光之折射錯亂的熱透鏡效應（效果），並如圖 1-2-7②所示般造成聚光特性劣化。尤其當雷射加工的輸出越大時，越容易產生此熱透鏡效應，造成加工品質下降。雷射焊接為了減少此熱透鏡效應的影響，有時會使用③所示的金屬製拋物面鏡讓其聚光。由於拋物面鏡可由鏡片的背面進行水冷冷卻，故不會產生熱透鏡效應。

圖1-2-5 自然光和雷射光的差異

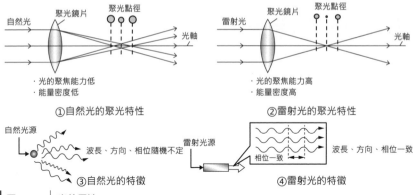

・光的聚焦能力低
・能量密度低

①自然光的聚光特性

・光的聚焦能力高
・能量密度高

②雷射光的聚光特性

波長、方向、相位隨機不定

③自然光的特徵

波長、方向、相位一致

④雷射光的特徵

圖1-2-6 光的干涉

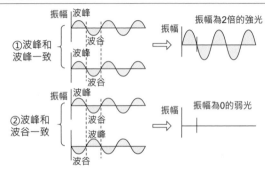

①波峰和波峰一致 → 振幅為2倍的強光

②波峰和波谷一致 → 振幅為0的弱光

圖1-2-7 熱鏡片作用

①無髒污狀態

②髒污狀態

③拋物面鏡

要點 | 筆記

雷射光的振盪動作需透過人為操作執行，雷射（LASER）這個名稱的語源即來自其振盪程序，也就是Light Amplification by Stimulated Emissionof Radiation「通過受激輻射產生的光放大」的縮寫

雷射光傳送系統

　　由振盪器射出的雷射光，會在維持其特性不變的狀態下，被導向加工頭。如圖 1-2-8 所示般，在 CO_2 雷射加工機上，利用由銅反射鏡（BM）構成的反射架構進行傳送，在光纖雷射加工機上，則是利用光纖內的反射功能進行傳送。

❶　鏡片構成的傳送系統

　　在工件固定不動，由加工頭進行移動的光移動型加工機上，BM 的數量會增加，形成複雜的構成。故為了防止 BM 髒污，光路皆包覆在蛇腹管或金屬管內，並對管內供應潔淨氣體，以防止粉塵等髒污侵入其中。此外BM 需定期進行清潔與調整光軸。

　　在光路較長的加工機上，雷射光的光徑會隨著振盪器至加工頭之間的距離而改變，故需利用圖 1-2-9 之①所示的光路固定長度方式，或是②所示的平行集光方式，防止雷射光的光徑改變。

❷　光纖構成的傳送系統

　　以光纖進行之傳送方式相較於 BM 傳送方式，不僅可自由調整光路，且光束直徑亦不會變化。故由簡單的架構到須執行複雜動作的機械手系統等加工機，都能輕鬆符合需求。

　　光纖如圖 1-2-10①所示般，是由石英玻璃所形成，非常細的纖維狀物質。其構造為由中央部位的核心與圍在其外圍的外殼構成的雙層構造，且外側另有雙重的保護層。核心部分的折射率被特意製作為較外殼部分高。因此光線會透過名為全內反射的現象，以被封閉在核心內部的狀態進行傳送。如該圖②所示般，當光線由折射率較高的「物質 1」到達折射率較低的「物質 2」後，會先改變其角度後再進入。若此時進入角度較淺時，穿透的角度亦會隨之變小，變得與邊界面接近平行。若進一步將進入角度縮小時，光線將變得無法穿透「物質 2」。所有光線皆會在核心與外殼的邊界面反射。此種現象稱為全內反射，可利用此性質讓光線被封閉在核心內進行長距離傳送。

圖1-2-8 雷射光傳送

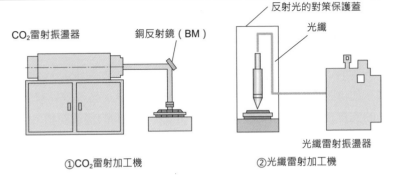

①CO_2雷射加工機　　　　②光纖雷射加工機

圖1-2-9 光束直徑變化的控制

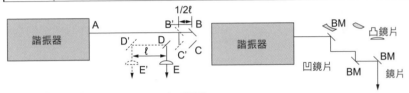

· 加工位置E到達距離只移動ℓ的E'時，B和C即移動 1/2ℓ而來到B'和C'
· 隨時將ABCDE的距離維持恆定的機構
· 可在不受發散角的影響下，隨時用相同聚光特性進行加工

①光路固定長度方式

· 藉由凹凸鏡片修正發散角
· 需根據鏡片的位置優化凹凸曲率

②平行集光方式

圖1-2-10 藉由光纖傳送雷射光

①光纖的結構　　　　②光的折射

要點　筆記

傳送用光纖能維持最佳光束品質，但光纖的長度存在上限。
若能以更遠的距離進行遠距焊接或切割的話，可讓雷射加工
適用的範圍進一步擴大，故目前各界正進行光子晶體光纖等研究。

工作台正面的構造

　　進行雷射切割時，因切割產生的熔化金屬與氧化物等粉末，會隨著加工氣體一起由工件背面排出。故關於工件的支撐方式，必須盡量減少加工點背面的支撐部位，並盡可能縮小工件與支撐部位間的接觸面積。

❶　二次元切割機的工作台正面

　　圖 1-2-11①為利用排列在工作台上的萬向滾珠支撐工件，讓工件在其上方移動的方式。在此範例中，雷射光之固定軸上的加工點不會移動。故能在加工點的背面設置開口部位，輕鬆回收加工熔渣、粉塵、氣體。但工件存在凹凸處或有開孔（包含立體形狀）時，可能會卡住萬向滾輪而妨礙加工。

　　②為利用接觸面積較小的劍山支撐工件的方式。為避免雷射光對其造成損傷，劍山的材質需使用雷射難以加工的材料（銅合金等）。屬於可在工作台上設置從薄板到厚板的各種厚度，板材厚度與工件形狀的限制較少的方式。然而此方式亦存在被切下的產品會卡住劍山，或是移動工件的操作性較萬向滾輪方式差等缺點。

　　③為利用鋸齒狀的條板支撐物支撐工件的方式，與劍山方式相同，亦屬於板厚與工件形狀的限制較少的方式。此條板支撐物具有能利用本身的雷射切割設備，自行加工與準備的優點。

❷　三次元切割機與焊接機的工作台正面

　　三次元切割機與焊接機以立體物品作為加工對象，故必須將固定工件用的治具，進一步固定在平台的工作台正面上。因此工作台採用如圖 1-2-12 所示般，設置 T 型溝槽，並使用 T 型螺帽固定治具的構造。進行平板的切割與焊接作業時，亦須製作支撐工件用的治具，並利用 T 型溝槽固定在工作台正面上。

❸　鑽孔加工機的工作台正面

　　由於鑽孔的對象大多為薄板，故採用讓工件吸附在平台的工作台正面上，進行加工的方式（圖 1-2-13）。其構造為在工作台正面設置直徑 2～3mm 的孔，再透過工作台內部的孔吸住工件。

圖1-2-11 二次元切割機的工作台正面

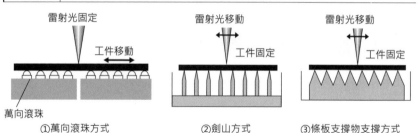

①萬向滾珠方式 ②劍山方式 ③條板支撐物支撐方式

圖1-2-12 三次元切割機的工作台正面

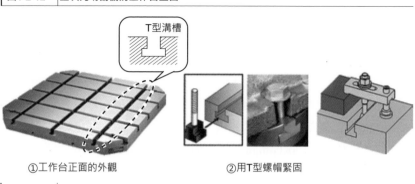

①工作台正面的外觀 ②用T型螺帽緊固

圖1-2-13 鑽孔加工機的工作台正面

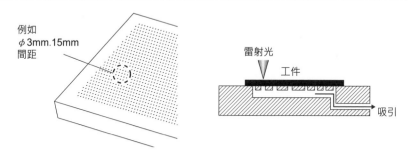

要點 筆記

工作台正面的構造，已考量工件的固定精準度、拆裝的操作性、通用性、維護保養性等事項。並採取了即使是對特別的加工對象有特殊需求，也能將特殊規格的固定治具設置於工作台正面的設計。

加工機的驅動系統

　　負責驅動雷射加工機工作台的部分，其構造使用了 AC 伺服馬達與滾珠螺桿、齒條齒輪、或是線性馬達的其中之一。

❶ AC伺服馬達與滾珠螺桿的組合

　　藉由將 AC 伺服馬達直接連結螺紋狀軸心之滾珠螺桿的方式，讓馬達的旋轉力量轉換為直線運動的驅動方式。其原理如圖 1-2-14 所示般，利用鋼珠在滾珠螺桿與螺帽之間邊旋轉邊運動的作用，以及將滾珠螺桿的螺帽固定在工作台上的方式，讓工作台能夠執行直線運動。若有異物侵入軸承的轉動面時，可能會造成精度不穩定。此外亦須注意當速度越快時，越無法避免溫度上升造成的熱膨脹，以及共振現象造成的細微震動與噪音。

❷ AC伺服馬達與齒條齒輪的組合

　　齒條齒輪（rack and pinion）為齒輪的其中一種類型，用於將 AC 伺服馬達的旋轉力量轉變為直線動作。其構造如圖 1-2-15 所示般，係由被稱為小齒輪（PINION）的小口徑圓形齒輪，與在長條狀平板上切割出直線形狀螺牙（賦予螺牙）的齒條組合而成。當對小齒輪施加旋轉力量時，可朝水平方向移動至齒條連結成的末端處，故可進行長尺寸化。由於直線動作機構部位雖採用輕巧化設計，但卻能獲得高強度，故能搬運較大的荷重，且較滾珠螺桿更能高速化。

　　在日本有時將齒條齒輪簡稱為齒條。

❸ 線性馬達

　　線性馬達如圖 1-2-16 所示般，使用切換極性用的電磁線圈式磁鐵（動子），以及固定側的永久磁鐵之吸力與反彈力，讓工作台進行直線移動。線性（Linear）為直線之意，線性馬達為進行直線運動之意。

　　線性馬達會利用磁鐵的磁力懸空，故不會接觸到工作台，且無滾珠螺桿般的旋轉機構，因此能讓工作台高速移動。此速度藉由流入推進線圈內的電流頻率進行控制。此外由於無機械性的動力傳達零件，故驅動系統的慣性程度較低，較不易產生噪音，磨損的部分亦較少。

圖1-2-14　滾珠螺桿驅動方式

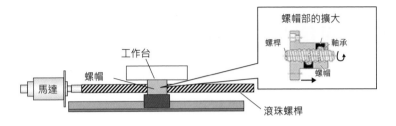

圖1-2-15　齒條齒輪驅動方式

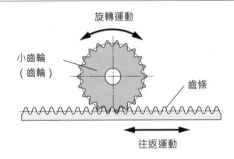

圖1-2-16　線性馬達驅動方式

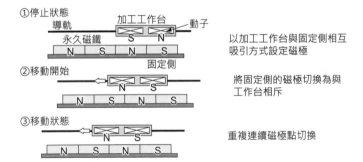

| 要點 | 筆記 |

線性馬達雖然在動作方面較其他方式具備許多優點，但在通用性、價格、運行成本方面仍存在問題。目前廠商皆依據加工目的，由前述3種驅動系統中選擇最合適的方式。

移動速度與加速度/加加速度

讓雷射加工機的工作台與加工頭等部位以高速度移動一事,可縮短加工時間,提升生產性。然而加工機的動作對於設定速度的條件,會如圖1-2-17 所示般,產生「啓動→加速→等速→減速→停止」的速度變化,這些變化會大幅影響加工時間。

❶　移動速度

移動速度包含讓雷射光沿著加工路徑移動的加工速度,以及讓雷射光停止,並在加工位置與下個加工位置之間移動的快進速度(只移動沒有加工)。加工速度需依據取決於振盪器輸出的加工能力,以及要求的加工品質,設定最合適的數值。相對的無加工速度雖是以低速設定執行程式的動作確認,但確認後須以生產性爲優先,設爲最大值。

❷　加速度

由啓動至到達設定速度爲止的加速,以及由等速的設定速度至停止爲止等的單位時間速度變化,稱爲加速度。如圖 1-2-18 所示般,由啓動至到達設定速度爲止的速度變化使用的時間越短時,加速度越大。對於速度變化爲由等速至停止加工爲止的減速而言,其加速度的大小定義亦相同。

這類加速度的大小對於實際加工的影響方式,如圖 1-2-19 所示。在進行鑽孔加工與快進的情況下,若加速度較小時,如有孔徑較小或快進距離較短的情況,甚至可能需在加速後到達設定速度前,即開始減速。因此形成當設爲高速時,能到達設定速度並進行加工的範圍非常狹小的現象。然而加速度較大時,不論是鑽孔加工的外圍部分或快進的距離,大部分皆能以設定速度進行移動,因此能縮短加工時間,提升生產性。

❸　加加速度

加速度的變化率稱爲加加速度。當對象爲加工範圍較狹小,且爲路徑的反曲點較多的複雜形狀時,將陷入不斷的頻繁加速與減速的狀態,造成加工機呈現間歇性的動作。因此爲了讓加工機在維持高精準度的情況下,仍能高速流暢的執行動作,而以高應答性控制著加加速度。但相對的當提

高加加速度後，加工機會變得容易發生振動，故加工機側的構造亦採用了能抑制振動的最佳設計。

圖1-2-17 | 加工機的動作模式

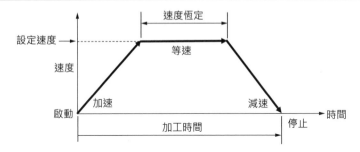

圖1-2-18 | 加速度和速度的關係

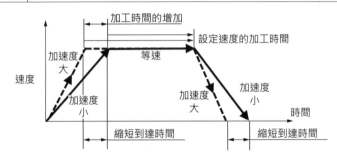

圖1-2-19 | 加速度和生產性的關係

	加速度：小	加速度：大
孔加工	速度低於設定　設定速度　始點　始點　孔徑小　孔徑大	設定速度　設定速度　始點　始點　孔徑小　孔徑大
快進	設定速度	設定速度

要點｜筆記

移動速度會大幅影響加工時間的形狀，為僅具備較長直線與較大曲線的簡單形狀。相對的加速度與加加速度會大幅影響加工時間的形狀，則為具備大量較短線段與較小曲線的複雜形狀。

加工機之安裝

安裝雷射加工機時，必須預先調查安裝地面的強度、地面傾斜度、來自外界的振動狀態，爲安裝預作準備。此外進行安裝時，最好也能對於加工機的固定方法與接地，具備基礎知識。

❶ 地基承載力

地基承載力爲代表地基能承受多少荷重，以及對於地基下陷具備多少抵抗力的數值。通常地基承載力皆以每 $1\ m^2$ 能耐受的重量（t）作爲其標示單位（t/m^2）。若地基承載力不足時，將如**圖 1-2-20** 所示般，出現地基無法承受機械的重量而下陷的情況。

因此當地基較脆弱，地基承載力較小時，必須施作灌入混凝土，直到到達廠商指定深度爲止的地基工程。

❷ 地板平面度

地板平面度爲代表表面平坦程度的指標，會影響加工機的加工精準度。設置雷射加工機的合適平面度，如**圖 1-2-21** 所示的範例般，需採用廠商建議的平面度，但若情況允許時，建議確保高於建議值的平面度。

❸ 防振

外來振動的影響，尤其對於 CO_2 雷射而言，可能會導致光軸位移。其結果將引發加工不良，或造成振盪器的輸出下降。難以將雷射加工機設置於振動較少的地點時，須如**圖 1-2-22** 所示般，採用設置防振溝槽，阻斷振動的方法。

❹ 加工機之固定

爲防止加工機因振動等因素發生位移，維持加工精準度，加工機被要求必須確實的牢牢固定。通常採用將基礎螺栓埋入混凝土的地面內，再固定加工機的錨栓方式（**圖 1-2-23**）。

❺ 加工機之接地

對使用高壓電的雷射加工機而言，以防止通訊干擾、電位均等化、防止靜電干擾、防止觸電等爲目的之接地工程，亦非常重要。請依據廠商指定之接地線粗細、接地阻抗、電管等規格，施作接地工程。

圖1-2-20 | 加工機的重量和地基承載力

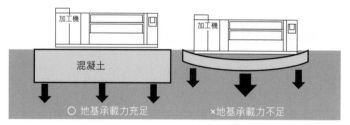

○ 地基承載力充足　　　×地基承載力不足

透過充分打好地基，將主體　　當基礎薄時，會因本體重量
重量均勻傳遞到地面　　　　　促使地基下陷

圖1-2-21 | 地板平面度

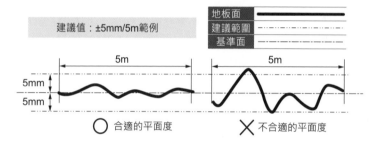

地板面	——
建議範圍	------
基準面	------

建議值：±5mm/5m範例

○ 合適的平面度　　　✕ 不合適的平面度

圖1-2-22 | 防振溝槽

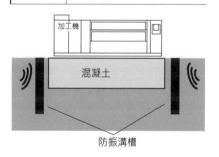

防振溝槽

圖1-2-23 | 錨栓方式

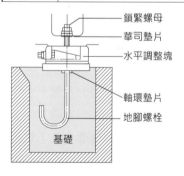

鎖緊螺母
華司墊片
水平調整塊
軸環墊片
地腳螺栓
基礎

要點 | **筆記**

地基對於長時間維持機械精準度而言，極為重要。
若對於加工機安裝地點的狀態存在疑慮，請務必實施安裝前確認。
此時亦須將周邊設備調整成最大使用條件下的運作狀態。

加工氣體的供應設備

加工時使用的輔助氣體，須依據加工內容使用氧氣、氮氣、氬氣、空氣（Air）等。加工氣體的成本在運行成本中占有的比率亦極高，因此需依據使用量與加工頻率，由**圖 1-3-1** 所示的氣體供應裝置中，選擇最合適的方法。

❶ 以氣體鋼瓶（氣瓶）供應

使用以氣體狀態將氧氣、氮氣、氬氣壓縮充填而成的高壓鋼瓶，進行供應的方式，有時亦會同時將多個氣瓶設置於固定架上使用。儘管充填的規格會因氣量計與氣瓶的種類而改變，但皆以 14.7MPa 的壓力將 7,000 L 的氣體充填於 46.7 L 的容器內。

此方式的優點為充填壓力較高，故能以高壓狀態輕鬆供應給雷射加工機，且即使長時間存放後，氣體的量依然不會減少。缺點則是氣體的單價成本較高。

❷ 以超低溫液化氣體容器（LGC）供應

此方式為充填 147 L 的液態氮或液態氧至容器中。使用氣體時，需利用蒸發器讓氣體由液態轉變為氣態。此外若需要較高的氣壓，且使用量較多時，需準備提升壓力用的增壓機，以及抑制氣體變動用的氣壓緩衝槽（**圖 1-3-2**）。此方式的優點為當需要大量使用氣體時，可連續供應。缺點則是即使在未使用氣體的狀態下，但當容器的內部壓力上升時，也會造成安全閥開啟，釋出內部的氣體。

❸ 以液化氣體儲槽（CE）供應

此方式充填著 2,600～16,000 L 的液態氮。當擁有多台雷射加工機，或需連續以無氧化方式切割厚板時，即需使用此連續的氣體供應方式。由於將液態氮充填至儲存槽的作業，使用液態氮槽車進行，因此能一次供應大容量的液態氮。此方式亦採用**圖 1-3-2** 所示的系統構成。

❹ 以氮氣產生裝置（PSA）供應

讓壓縮空氣流入特殊高分子（聚醯亞胺）製的中空纖維膜中，將空氣中的氮氣純化集中的供應方式。此方式的優點為不須採購氣體，運行成本

較低。缺點則是氣體純度會受到中空纖維膜的通過流量影響，使用的純度越高，流量越多時，需使用中空纖維膜數量會更多的高價裝置。

圖1-3-1 | **氣體供應設備**

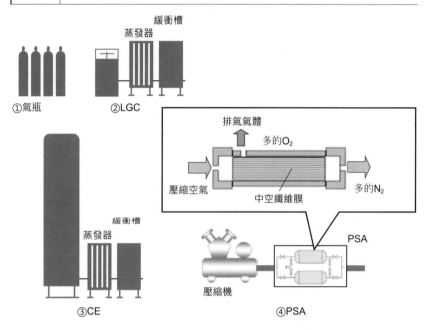

圖1-3-2 | **高壓氣體設備**

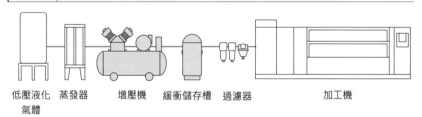

低壓液化　蒸發器　　增壓機　　緩衝儲存槽　過濾器　　　　　　加工機
氣體

要點 筆記

在雷射切割的運行成本中，尤其是在高壓氣體的加工情況下，
輔助氣體的費用佔有非常高的比例。
請牢記掌握前述各種氣體供應方式的優缺點，選擇最合適的設備。

壓縮空氣的供應設備

壓縮空氣（Air）在雷射加工機上，被作爲各單元的動力來源，以及保護/加工氣體使用。負責製造壓縮空氣的裝置爲壓縮機，分爲圖 1-3-3 所示般的①供油式（OIL 式）與②無油式（OIL FREE）兩種，須依據情況分別使用。以下將說明設置壓縮機與周邊設備（圖 1-3-4）時的必要知識。

❶ 輸出

輸出係指爲了驅動壓縮機所使用之馬達輸出的功率。記載輸出時一般使用 kW（千瓦）或 PS（馬力）爲單位，兩者間的關係爲 1 馬力≒0.75kW（圖 1-3-5）。

❷ 噴出空氣量

壓縮機以最高壓力運轉時，每分鐘吸入多少空氣的數值。並非經過壓縮後的空氣量。一般以 L/min 或 m³/min 的單位記載。決定壓縮機的噴出空氣量時，請以至少較實際使用的空氣量多出 10%緩衝預留量的規格中，進行選擇。

❸ 烘乾機

空氣經過壓縮後，溫度將會上升，空氣中含有的水分將轉變爲水蒸氣的狀態。之後當溫度下降時，水蒸氣將轉變爲液態的水，造成工具生鏽或污染光學零件，導致加工機故障。空氣乾燥機即是負責將此壓縮空氣中的水分冷卻並去除的設備。

❹ 緩衝槽（輔助槽）

由壓縮機噴出的壓縮空氣有壓力變動的情況，使用條件屬於間歇性，或是發生突發性的大量消耗時，需補充壓縮空氣防止壓力下降。緩衝槽即是基於此目的所設置。選擇緩衝槽的容量時，通常以壓縮機噴出空氣量的 25%左右作爲基準。例如噴出空氣量爲 400L/min 的壓縮機時，由於 400L/min×25%＝100L，故需設置 100L 左右的緩衝槽。

❺ 濾網

　　為防止空氣乾燥機無法去除的成分，或是空氣乾燥機劣化時產生的成分侵入加工機內，需在空氣乾燥機出口設置濾網。

圖1-3-3 壓縮機種類

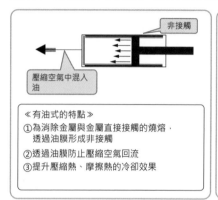
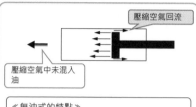

≪有油式的特點≫
① 為消除金屬與金屬直接接觸的燒熔，透過油膜形成非接觸
② 透過油膜防止壓縮空氣回流
③ 提升壓縮熱、摩擦熱的冷卻效果

①有油式壓縮機

≪無油式的特點≫
① 壓縮空氣中未含油分，因此有助於提升產品品質
② 無須管理油
③ 排水中未含油分，因此排水處理容易

②無油式壓縮機

圖1-3-4 壓縮機與其周邊設備

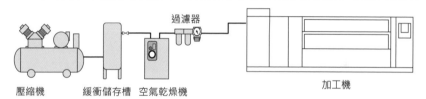

壓縮機　　緩衝儲存槽　空氣乾燥機　　　　加工機

圖1-3-5 kW（千瓦）和PS（馬力）的關係

kW（千瓦）	0.2	0.4	0.75	1.5	2.2	3.7	5.5	7.5
PS（馬力）	1/4	1/2	1	2	3	5	7.5	10

1馬力≒0.75kW

要點 筆記

有油式壓縮機的空氣，被使用於加工機的各種操作中。
由於從無油式壓縮機獲得的為不含油分的空氣，
故被用於光學零件的光路系統吹淨用途，以及輔助氣體上。

集塵機

　　使用雷射加工機進行的材料加工作業，會產生大量粉塵與燻煙，並長時間漂浮在空氣中，可能會對人體健康造成不良影響。此外當粉塵附著於光學零件或加工機的滑動部位上時，亦會造成加工不良與動作不良。以下將說明集塵機的重要性與能力。

❶　加工機用集塵機的基本構成

　　雷射切割作業會如**圖 1-3-6** 所示般，造成工件的局部部分熔化與蒸發，並且會噴出輔助氣體，因此其部分產物將變為粉塵飛散。然而大部分的粉塵皆會被引導至工件下方的條板支撐物壁面上，進而被搬運至加工機的下方，通過集塵管送往集塵機。

　　由於粉塵的粒徑最小僅有 1μm 左右，最大可至 1 mm 左右，涵蓋範圍極廣，因此加工機皆以有效率的方式，配置著攔截粉塵用的濾網與清潔口。位於預處理盒（pre box）的濾網，可攔截較大的粒徑與高溫火粉狀態的粉塵。此外預處理盒內還設有整流格柵，能讓含有粉塵的空氣有效率的流往接在其之後的集塵機。

❷　集塵機的基本構造

　　集塵機的問題為濾網會在短時間內堵塞，導致吸力減弱，更換與清理已堵塞濾網的作業非常麻煩，以及可能因濾網堵塞引發火災的危險等。

　　為改善此類問題而檢討出的對策，為**圖 1-3-7** 所示的集塵機。圖中的虛線代表含有大量粉塵之空氣的流動路徑，實線則是以濾網去除粉塵後的潔淨空氣流動路徑。基於讓粉塵有效的附著於濾網上、去除靜電、防止空氣中的水分（濕度）與油分附著，以及防止堵塞等目的，在成形濾網的表面塗抹了特殊的粉末。並具備能預測濾網的堵塞狀況，定期清除濾網上附著物的功能。備有渦輪送風扇，能強力推動空氣流動的送風機，設置於集塵機的上方。

　　而在另一方面，使用集塵機收集到的粉塵雖為工業廢棄物，但目前亦在檢討將其製造成可作為回收材料處理的固態物，再進行廢料處理的做法。

圖1-3-6 | 集塵的基本構成

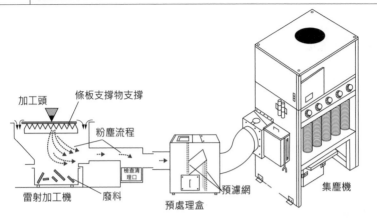

圖1-3-7 | 集塵機的結構

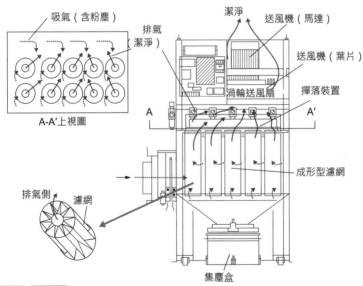

要點 | 筆記

關於雷射切割產生的粉塵雖無詳細研究，但曾體驗過粉塵長時間漂浮在空氣中的現象。由於粉塵可能會引發塵肺症、支氣管炎、氣喘等疾病，故需採取適切的集塵方法。

冷卻裝置（冷卻機）

冰水機為讓水分（液體）循環，目的是冷卻加工機，或是將加工機的溫度控制在設定值的裝置總稱（**圖 1-3-8**）。由於主要以冷卻作為目的，故基於 Chill（＝冷卻）的涵義稱為冷卻機。冷卻機雖負責去除加工機的熱能進行冷卻，但冷卻機本身亦須將去除後的熱能排出。其排熱方式如**圖 1-3-9** 所示般，分為空冷式與水冷式兩種。

❶ 空冷式

冷卻機內建風扇，藉由高速旋轉的風扇送出空氣進行冷卻。儘管在雷射加工機的周圍設置冷卻機的自由度將會提高，但由於是將熱能排放至室內，因此在氣溫較高的夏季與狹窄地點，須加裝排氣設備（輸送管與風扇）。但相反的也在檢討於冬季利用排熱作為暖氣的方式，藉由在輸送管內加裝切換閥，將排熱引導至工廠內有效活用。

另外由於此方式的冷卻效率較低，故被用於發熱量較少的裝置上，例如輸出較小的雷射振盪器、振盪效率較高的雷射振盪器等。

❷ 水冷式

進一步以二次側的冷卻水塔來冷卻冷卻機的冷媒，去除熱能的方式。由於冷卻效率極佳，故被用於需要較大冷卻能力的大輸出振盪器上。基於因冷卻機的設置限制，而需將雷射加工機設置在工廠靠牆側的必要性，以及考慮設置冷卻水塔的情況，須加裝水配管的必要性，使得雷射加工機的安裝配置自由度降低。

此外由於不會由冷卻機將熱能排放至工廠內，因此在恆溫室內運作的鑽孔用雷射加工機，將其列為標準規格使用。具體方式為將多台加工機組合，使用集中配管連結進行冷卻。

❸ 何謂冷卻能力

冷卻能力為判斷冰水機能將希望冷卻之物品冷卻至何種程度時，作為基準的重要數值。通常以 W（瓦）或 kcal/h（千卡）標示，1kW＝860kcal/h。

　　此數值必須先決定使用何種物質作為熱媒，容量多寡、以及使用環境等各種條件後，才能計算出。故需依據加工機製造商的指示選擇裝置，且維持冷卻能力用的定期維護亦非常重要。

圖1-3-8　冰水機的原理

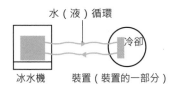

水（液）循環

冰水機　　裝置（裝置的一部分）

圖1-3-9　冷卻機種類

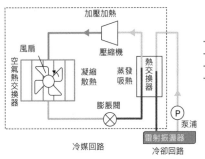

≪特徵≫

・適合小容量冷卻和溫度控制
・維護容易
・夏季需要空氣熱交換器的散熱對策
・配置自由度高

①空冷式冷卻機（虛線內為冷卻機單體系統）

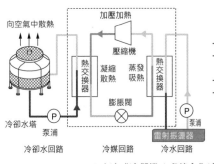

≪特徵≫

・適合大容量冷卻和溫度控制
・利用水的氣化熱，即使在高溫環境中也能有效率的使用
・系統複雜，需維護冷卻水側
・需要水配管工程和沿著牆壁配置

②水冷式冷卻機（虛線內為冷卻機單體系統）

要點　筆記

隨著越來越多廠商由CO_2雷射轉換為振盪效率較高的光纖雷射，採用空冷式冷卻機的比例亦不斷增加。對空冷式冷卻機的排熱處理設置排風管的作法，為工廠的環境管理上非常有效的手段，故建議積極採用。

CAD/CAM 裝置

　　雷射加工機的加工速度提升的結果，使得生產性的高低變得取決於加工程式的製作能力。CAD/CAM 裝置則是因應此需求所產生的系統，其名稱代表著將繪圖功能（CAD）與讓加工機運作所需資訊的製作功能（CAM）合而為一（**圖 1-3-10**）。

❶　何謂CAD

　　CAD 為將工件的圖面電子化與數位化的功能（**圖 1-3-11**），並可在電腦的螢幕上對結果進行繪圖與製圖。

　　CAD 的其中一種功能為鈑金展開。儘管鈑金零件大多伴隨著彎曲處理，然而圖面上皆為完成彎曲處理後的情況。因此製作加工程式時，需將其調整成考慮彎曲部位的延伸量後，再將其展開的平板圖，此作業稱為鈑金展開。雖然展開作業要求作業人員必須具備對圖面的判讀能力與經驗，但 CAD 的鈑金展開功能可自動計算延伸補正量，並以補正後的尺寸製圖。CAD 除此之外尚有許多輔助製圖的方便功能，例如合成展開、斷面展開、三次元展開、輸送管接頭展開等。

❷　何謂CAM

　　CAM 為將使用 CAD 製作的圖形數據轉換為加工用 NC 程式的功能（**圖 1-3-12**），可附加雷射加工特有的條件參數，以及進行圖形處理。

　　CAM 的其中一種功能為**圖 1-3-13** 所示的自動排版。由一張定尺板切割出多個不同形狀時，必須製作依據各形狀的必要數量，在規定尺寸中配置各種形狀的程式。自動排版處理則是只需指定數量，即可自動完成此配置的功能。此外亦具備當所需的材料張數超過一張以上時，可管理材料的所需張數與每張材料之零件數量的功能，且隨著電腦的性能獲得飛躍性的成長，即使是非常複雜的配置處理，也能在以秒為單位的時間內完成。CAM 功能除此之外尚有許多方便功能，例如對圖面資料設定雷射加工路徑，設定最合適的加工條件，設定微接點，切割共用線，餘料管理等。

| 圖1-3-10 | 何謂CAD/CAM |

「CAD」　**C**omputer **A**ided **D**esign的簡稱
　　　　　電腦　　　　支援　　設計
用電腦設計或用電腦支援設計工具

「CAM」　**C**omputer **A**ided **M**anufacturing 的簡稱
　　　　　電腦　　　　支援　　　　製造

| 圖1-3-11 | 用CAD製圖範例 | | 圖1-3-12 | 用CAM設計路徑範例 |

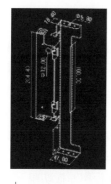

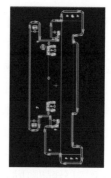

| 圖1-3-13 | 排版範例 |

要點 | **筆記**

光纖雷射由於提升了薄板的切割速度，因此出現加工程式的製作技術
已無法滿足雷射處理的狀態。為避免製作程式成為妨礙生產的瓶頸，
亦須注意CAD/CAM 裝置的最新技術。

自動化系統

　　希望提升生產性時，必須高效率的執行一連串的加工動作，包含 a.事前設置工程、b.切割工程和 c.事後設置工程。而自動化系統則是如圖1-3-14 所示般，將各工程由直列的動作改為並排的動作，並連續執行該動作的設備。

❶　**切割時的材料搬入搬出自動化**

　　將收納材料與加工品的收納棚架模組化，並以小型化尺寸組合至加工機上，連續進行加工的自動化系統，如圖 1-3-15 所示。須依據加工對象的板厚與有無微接點的要求選擇系統。

(1)　整個加工台面交換的收納棚架系統

　　可直接以材料或加工物裝在加工用台面內的狀態，收納進收納棚架內的系統。

　　雖適用於以無微接點方式進行加工的中厚板與厚板切割，但加工時間較短的薄板切割由於需要大量加工台面，故不適用本系統。

(2)　單張板材交換的收納棚架系統

　　配備進料與出料裝置，能將梱包材料與加工品存放於收納棚架內的系統。加工對象主要為薄板，由收納棚架供應的梱包材料中，逐一將單張材料供應給加工用台面進行切割，完成後的加工品會裝載於加工用台面上，存放至收納棚架中。基本上加工品會附加微接點，並直接以與板材框架固定的狀態搬運。

(3)　加工台面與單張板材交換兼用的收納棚架系統

　　如其名稱所示般，兼具前述(1)與(2)的兩種功能。

(4)　附設自動倉庫系統

　　將收納棚架系統發展成更大規模之自動倉庫構成的系統。除了作為材料倉庫外，亦兼具物流中心的功能，能有效率的將存放、搬運、管理作業自動化，實現工廠的長時間運作。

❷ 分料裝置

對於提升生產性而言，連續加工後拆除大量微接點的作業，以及依據零件的相關性分類的作業，皆會成為瓶頸。故目前亦在研發不附加微接點，於每次加工後拆除零件並逐一排列的分料裝置。

❸ 切割以外的其他範例

在焊接與熱處理方面，已大量使用由機械手構成的自動化系統，而工件的定位與讓系統辨識個別形狀的功能，亦變得非常重要。在要求高生產性的雷射鑽孔加工中，已將進料／出料裝置列為標準配備。

圖1-3-14 | 作業效率化

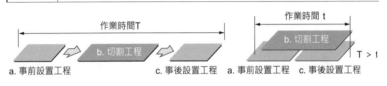

①直列式作業工程　　　　　　　②並列作業工程

圖1-3-15 | 切割上的自動化系統

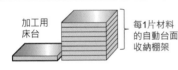

①自動交換床台的收納棚架系統　　②薄板交換台面的收納棚架系統

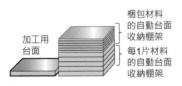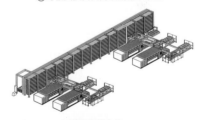

③床台和薄板交換裝置兼用的收納棚架系統　　④附設倉儲系統

> **要點** **筆記**
>
> 藉由光纖雷射提升加工速度後，凸顯出事前設置工程與事後設置工程在作業時間中占用了極高的比例。
> 故引進光纖雷射時，加裝自動化系統的比例正大幅增加中。

工程管理

負責管理產品的品質、成本、以及是否能在規定的交期內生產所需數量的工程管理，與加工機的能力同為提升生產性的重要業務。尤其是基於嚴守交期為目的，依據生產計劃確保各作業工程皆能按照預定內容進行之管理，更是重要的主題。

❶ 鈑金加工的作業流程

圖 1-3-16 為由接單開始至出貨為止的作業流程。當接到訂單後，須建立生產計劃，對鈑金工程發出生產指示，接著再由實際加工工程發出鈑金加工的具體指示。在此階段需製作加工數據，並計算出成本與交期的詳細資料。之後以持續確認加工進度狀況的方式進行加工，並在加工後向上游工程報告實際成果，進行最後的出貨作業。

在此流程中即時取得人員、物品、作業進度等資訊，並加以活用一事，是提升生產性的要點。

❷ 作業工程中發生的問題

對於雷射加工這種適用於由少量多樣至大量生產的所有需求，且要求短交期的加工方法而言，其問題為當無法順利取得資訊時，可能會如圖 1-3-17 的範例所示般，對工程中的作業造成妨礙。

對於這類問題，長久以來一直採用活用白板發出作業指示，或是使用 EXCEL 表格進行電子化等措施因應。但事實上此種方式反而引發人為疏失、未徹底遵守規定、會議量無法減少、會議時間過長等其他問題，無法作為最終對策。

❸ 泛用型工程管理軟體與IoT

為解決此問題，業界提出了各種工程管理軟體的方案。首次引進生產管理軟體時，必須檢討圖 1-3-18 所示的事項。以推動作業現場 IoT 化，取得必要資訊，以及有效活用該資訊，作為工程管理的基礎。

· 需降低引進費用的成本。
· 需預定更新設備。
· 需改裝既有設備。

・不可完全自動化，需活用人工作業。
・必須採用「先從能進行的部分開始」的由小地方開始進行的方式。

圖1-3-16 | 鈑金作業流程

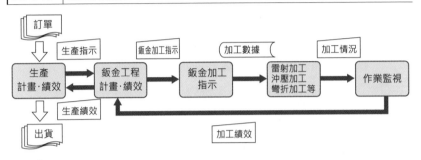

圖1-3-17 | 工程發生的課題範例

工程	課題範例
生產計畫、績效	堆積如山的大量訂單，未擬定按交期的計畫
鈑金工程的計畫、績效	不知道該以何種順序進行鈑金作業，方能有效善用設備
鈑金加工指示	直通率不佳，多花費材料成本
作業監視	必須在現場確認在何處停滯作業

圖1-3-18 | 工程管理軟體和IoT的運用

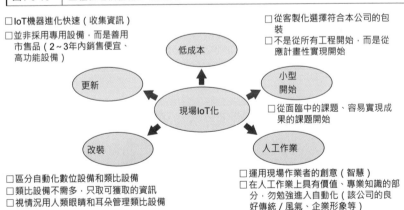

要點 筆記

工程管理的優點共有4項。①藉由確保合約品質與生產性的方式，提升顧客滿意度。②減少作業中發生的無效成本。③透過正確掌握生產量簡化庫存管理。④提升員工滿意度。

● 雷射發明歷史 ●

在人類首次振盪出雷射前，其實早有眾多學者投入研究中。
以下介紹對雷射光的歷史有重大影響的主要人物。

■ 阿爾伯特•愛因斯坦（德國，後改入美國籍）
　　提倡電子釋出1個光子後，該光子不會被吸收，而會增加一個相同能量的光子，變成2個光子的受激發射原理。

■ 查爾斯•哈德•湯斯（美國）
　　藉由使用微波激發氨氣分子的方式，首次成功實現受激發射，並將此現象命名為邁射（MASER）。

■ 尼古拉•根納季耶維奇•巴索夫（前蘇聯）
　　對於雷射的研究成績獲得認可，獲頒諾貝爾物理學獎。

■ 阿瑟•肖洛（美國）
　　取得美國第一個關於雷射基本原理的專利，並使用雷射光進行原子及分子的相關研究。

■ Gordon Gould（美國）
　　設計出雷射裝置的原型，並將其命名為雷射。亦提出將雷射光聚光進行金屬加工的方案。

■ 西奧多•哈羅德•梅曼（美國）
　　於1960年完成了人類首次使用紅寶石結晶振盪出雷射的創舉。當時以使用氣體材料研究雷射的振盪方式為主流，大部分研究人員皆認為難以使用紅寶石振盪出雷射。紅寶石雷射的誕生讓之後的雷射研究進展大幅加速，成為實現各式各樣雷射的契機。阿波羅太空船的太空人藉由對設置在月球表面上的反射鏡發射紅寶石雷射的脈衝，再精密測量其返回為止之時間的方式，以誤差小於1m的精準度定出地球上的地點與月球表面間距離一事，相信大家仍記憶猶新。

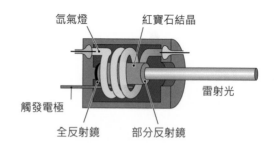

紅寶石雷射振盪器的原理

【 第 **2** 章 】

雷射加工中前置作業
基礎知識

會影響加工的要素

在各種雷射加工類型中，爲了提高加工能力，皆要求必須能將會影響加工性能的雷射光能量密度與輔助氣體等眾多要素，分別控制在其合適範圍內。圖 2-1-1 爲在聚光光學系統中使用加工鏡時，會影響加工的要素 [2]。

❶ 與雷射光有關的要素

雷射光的輸出型態分爲連續輸出雷射光的 CW 振盪，以及反覆啓動與關閉的脈衝振盪兩種類型。取決於雷射振盪介質的波長，會影響雷射光的聚光特性與工件的光束吸收特性。輸出代表能量的大小，功率週期代表每 1 脈衝時間內的光束啓動時間比例，頻率代表每秒的脈衝振盪次數，光束模式代表能量的強度分布。使用將單一脈衝寬度設爲極度短的超短脈衝雷射時，可進行無熱加工。

❷ 與加工鏡片有關的要素

焦距代表由鏡片位置至焦點位置的距離，會影響焦點位置的光點徑與焦點深度。加工鏡片的類型共有兩種，分別爲能抑制像差產生的非球面鏡片（Meniscus lens（凸凹透鏡）），以及一般的平凸透鏡。

❸ 與焦點有關的要素

光點徑取決於鏡片規格，鏡片的焦點越短時，其光點徑越小。焦點位置代表焦點對於工件表面的相對位置，上方定義爲正向，下方定義爲負向。焦點深度代表可在焦點附近獲得接近光點徑之光束直徑的範圍。

❹ 與噴嘴有關的要素

噴嘴徑會影響工件的蒸發與熔化動作，以及加工部位的屏蔽性。爲了將所有加工方向的加工性能平均化，噴嘴的前端採用圓形形狀，並要求噴嘴與工件表面間的位置關係須固定維持不變，且其間隔設定值需盡可能縮小。

❺ 與輔助氣體有關的要素

輔助氣體的氣壓會影響被雷射光熔化後的金屬，由切割溝槽內排出的作用。氣體種類會影響加工品質與加工能力，切割時需配合氧氣的燃燒作

用與氮氣的無氧化切割選擇，焊接與熱處理需依據加工部位的屏蔽性選擇。

❻ 與工件有關的要素

會影響光能消耗量的材質與板厚，穩定吸收光束所需的表面狀態，以及容易受到熱能集中影響的加工形狀皆為此類要素。另外焊接除了以上要素外，還須加上焊接部位的形狀。

圖2-1-1 會影響加工的要素

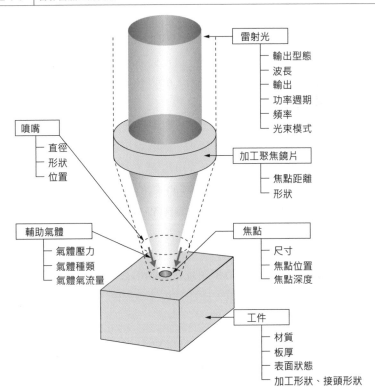

要點　筆記

> 加工性能雖與許多要素有關，但目前的加工機皆已依據資料庫設定各要素的合適數值。然而學習加工要素的相關知識一事，對於由使用者對各種加工對象進行之獨特處置，依然非常重要。

切割的基本特性

　　雷射切割具有切割溝槽的寬度狹小，能進行**圖 2-1-2** 所示之高精準度切割的特色。然而相對的也存在因切割溝槽寬度狹小所衍生出的問題，故須致力於有效活用輔助氣體，提升加工品質與加工能力。

❶　雷射切割的原理

　　單純只靠雷射光的能量時，雷射切割的能力非常有限。

　　必須利用氧氣產生的氧化反應，以及以高壓氮氣將熔化的金屬由切割溝槽內排出的力量，方能讓切割能力大幅提升。**圖 2-1-3** 為在 1kW 的相同輸出下，對於黑鐵材料的切割能力及焊接能力比較情況。焊接的輔助氣體使用氬氣，壓力設在 0.01Mpa 以下，故有助於獲得防止焊道表面氧化等品質提升效果，但無助於提升加工能力。由圖中可看出，切割藉由以氧氣作為輔助氣體的方式，讓板厚與速度的加工能力擴大為焊接的約 5 倍[2]。

　　如**圖 2-1-4** 的切割面粗糙度所示般，將位於切割面上方，切割面粗糙度相對較良好的約 2 mm 寬範圍，定義為第一條紋，位於其下方，切割面粗糙度較粗的範圍，定義為第二條紋。第一條紋為以雷射光的能量為主體進行加工的區域，第二條紋則是以上方（第一條紋）熔化的金屬作為熱源，並以氧氣產生的氧化反應及高壓氮氣推動的熔化金屬流動作為主體，進行加工的區域。故當切割速度越大或切割板厚越厚時，第二條紋部分的拖曳線會越延遲在加工之後產生。

❷　雷射切割的優勢

　　能以微小光點徑聚光成高能量密度的雷射光，相較於既有的加工方法，具有以下優勢。

- 由於能以狹小的切割溝槽寬度進行加工，故能在熱影響較少的情況下，高速進行複雜且細微形狀的加工。
- 由於屬於非接觸式加工，相較於以刀具或模具切割的接觸式加工，能以不造成工件損傷，並抑制變形或龜裂造成損壞的方式進行加工。
- 容易進行材料的有效利用率較好的排版（將加工品分配至材料上），可節省材料費用。

・加工期間的噪音與振動相對較少，有助於改善工廠周圍的環境。

圖2-1-2 ｜ 雷射切割樣品

SS400、16mm

SUS304、12mm

①SS400和SUS304的切割樣品

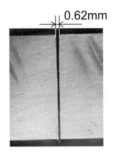

0.62mm

②SUS304、12mm的切割溝槽

圖2-1-3 ｜ 切割和焊接的比較

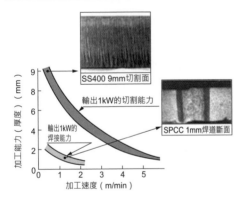

SS400 9mm切割面

輸出1kW的切割能力

SPCC 1mm焊道斷面

輸出1kW的焊接能力

加工能力（厚度）（mm）

加工速度（m/min）

圖2-1-4 ｜ 雷射切割面

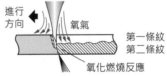

進行方向　氧氣

第一條紋
第二條紋

氧化燃燒反應

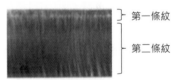

第一條紋

第二條紋

SS400、16mm的切割面

要點 筆記

雷射切割的基本原理為將讓工件蒸發與熔化用的熱能，封閉在形成
切割寬度的狹窄範圍內。故為了避免過多熱能擴散至切割溝槽的周圍，
必須將雷射光的特性與輔助氣體的氣流等，調整至最合適的狀態。

焊接、熱處理（焠火）的基本特性

雷射焊接與焠火具有加工區域狹小，能如**圖 2-1-5** 所示般，以高速進行高精準度加工的特色。與雷射切割間的差異在於輔助氣體的作用僅限定在屏蔽加工部位，加工能力絕大部分取決於雷射光的要素。

❶ 雷射焊接、熱處理（焠火）的原理

雷射焊接係藉由將雷射光聚光於金屬表面的方式，讓其過熱並瞬間熔化後，再利用電漿化的金屬蒸發反作用力（膨脹力），於熔化池中製造出凹洞。此凹洞稱為小開孔（Keyhole），照射的雷射光會在小孔內孔壁中不斷進行多重反射，最後聚光於小孔底部，因此小孔會進一步朝雷射的照射方向延長，並在其周圍形成熔化層。（**圖 2-1-6**）。當此小孔配合雷射光前進而移動時，熔化的金屬會沿著小孔的周圍流入，於熔化金屬的後方凝固。藉由連續進行此動作，即可獲得連續的焊接部位。此外亦可如**圖 2-1-7** 所示般，以降低雷射光的能量密度，避免產生小孔的方式，進行讓工件表面熔化後再凝固的熱傳導型焊接。此加工方式被用於要求較大焊道寬度的焊接作業，以及薄板的點焊與堆疊焊接中。

雷射焠火係利用來自雷射光照射面的加熱所引發的沃斯田鐵轉變，以及對工件內部進行的冷卻引發的麻田散鐵轉變，獲得硬化效果。

❷ 雷射焊接、熱處理（焠火）的優勢

由於雷射焊接與焠火容易以高密度能量進行局部加熱，以及以人為方式進行控制，故相較於既有方法具備以下優勢。

- 能進行高速且低熱量輸入的加工，且能進行局部加熱，因此可減少熱應變。
- 以光作為加工熱源，較不易受到電流、電壓、磁力等的影響。
- 雷射光可聚光於微小的點上，因此容易進行細微加工，或是焊接熔點不一致的不同材料。
- 易於進行與機械手組合，或是生產線化等自動化。
- 屬於非接觸式加工，不須維護電極等部位。

圖2-1-5 雷射焊接樣品

①機殼鈑金的轉接接頭焊接
（SUS304、2 mm）

②管和底板的填角焊
（SUS304、1 mm）

圖2-1-6 開孔型焊接的原理

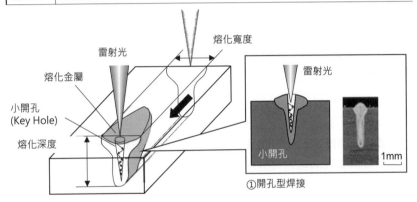

①開孔型焊接

圖2-1-7 熱傳導型焊接的原理和適用案例

①熱傳導型焊接　　　②披覆

要點 | **筆記**

可發揮雷射焊接優勢的加工對象，為熔化寬度較狹窄，且要求深入熔化，
適用小開孔焊接原理的工件。對於平滑的焊接部位表面或焠火要求，
需使用CW連續波條件，要求更低的熱量輸入量時，需使用脈衝條件。

鑽孔的基本特性

雷射鑽孔如**圖 2-1-8** 所示般，能對印刷電路板的各種樹脂與複合材料，高速進行小孔徑的鑽孔加工。可加工的材料包含加入填充材的環氧樹脂與聚醯亞胺樹脂，加入玻璃纖維的環氧樹脂，以及表面貼著銅箔的複合材料與陶瓷等。

❶ 雷射鑽孔的原理

雷射鑽孔加工需使用 UV 雷射振盪器，以及高峰值短脈衝的 CO_2 雷射振盪器。所謂高峰值短脈衝，係指能瞬間振盪出高功率的脈衝。由於低峰值長脈衝的雷射需耗費較長時間才能分解材料，因此會導致加工的熱能擴散到鑽孔周圍，造成樹脂大量熔化，讓加工品質下降。此外複合材料的加工作業，要求須具備讓不同熔點的材料同時熔化與蒸發的加工能力，故高峰值短脈衝的雷射為其必要且不可缺少的要件。

圖 2-1-9 為分別使用高峰值短脈衝與低峰值長脈衝的雷射，對貼有銅箔的環氧樹脂玻璃複合材料進行加工的比較情況。由於銅的雷射光反射率較高，故通常難以進行加工，但使用讓高能量密度集中的高峰值短脈衝雷射時，即可讓鑽孔作業變得非常容易。並且在除此之外的所有加工品質方面，例如熔化的銅變為焊濺物附著在鑽孔表面的狀態，以及鑽孔壁面的玻璃纖維突出狀態等，使用高峰值短脈衝條件進行的加工，也已被認定其效果。

雷射光的照射方式，為因應高生產性的要求，而採用讓**圖 2-1-10** 所示的高速掃描振鏡移動的方式，進行加工。高速掃描振鏡會依據 NC 控制裝置發出的指令值，定位在指定的角度位置。雷射光將被引導至 fθ 鏡片，再聚光於工件上後，照射加工所需的脈衝數量進行鑽孔。

❷ 雷射鑽孔的優勢

雷射鑽孔被使用於須以高速與高精度，進行鑽孔之印刷電路板與電子零件的鑽孔作業上。相較於傳統使用鑽頭進行鑽孔的方式，具有以下優勢。

· 可加工直徑 100μm 以下的細微孔徑，能有效滿足印刷電路板的小型化與高密度化需求。

· 屬於高能量密度的熱源，即使是陶瓷材料的基板也能加工。
· 屬於非接觸式加工方式，即使對於軟性電路板也能進行高精度加工。
· 屬於非接觸式加工，不會因磨耗產生消耗品。
· 易於改變加工線路，可減少工程數量。

圖2-1-8　鑽孔樣本

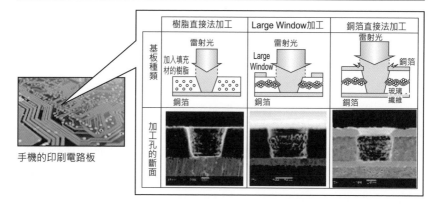

手機的印刷電路板

圖2-1-9　高峰值短脈衝雷射的效果　　**圖2-1-10　孔加工方法**

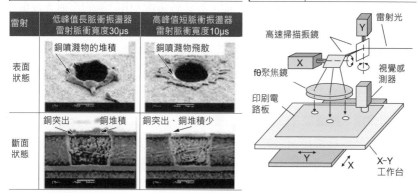

要點　筆記

希望同時對加工特性不同的材質（複合材質）進行鑽孔時，須以高峰值輸出照射短脈衝寬度的雷射光。此外為了減少加工品質的差異，需分別設定雷射光的能量，分數次照射。

何謂雷射光的聚光特性

　　雷射光的聚焦光點徑與焦點深度，會隨著加工鏡片的焦距而改變，故焦距會大幅影響加工特性。通常加工機皆具備各種焦距的加工頭（鏡片）更換功能，以及焦距的無段變焦功能。爲了讓加工性能發揮至極限，必須充分了解此聚光特性，選擇最合適的光學零件。透過加工聚焦鏡獲得的光束聚光特性，可記載爲以下公式。

$$\text{光點徑} \quad 2\omega_0 = 4f\lambda M^2/\pi D \text{；焦點深度} \quad Z_d = 2\pi\omega_0^2/\lambda M^2$$

　　此處的 f 爲鏡片焦距，D 爲鏡片射入的光束直徑，λ 爲波長，M^2 爲代表光束品質的參數。如圖 2-2-1 所示般，f 較大的①長焦鏡片（f10"），其聚光點徑 $2\omega_0$ 與焦點深度 Zd 皆較大，②短焦鏡片（f5"）的兩種數據皆較小。而波長 λ 較 CO_2 雷射短的光纖雷射，其點徑 $2\omega_0$ 較小，焦點深度 Z_d 亦較小（淺）。

❶　對切割的影響

　　對容易由切割溝槽內部排出熔化金屬的薄板進行切割時，適合使用光點徑較小，以高能量密度產生之熔化作用爲優先的短焦鏡片。切割厚板時，則適合使用擴大切割溝槽寬度，讓切割溝槽內熔化的液態金屬能順利流動，以及能朝板厚方向維持高能量強度，以大焦點深度爲優先的長焦鏡片（圖 2-2-2①）。

❷　對焊接、熱處理（焠火）的影響

　　薄板之高速焊接適合使用以熔化能力爲優先的短焦鏡片，厚板的深入熔化焊接則適合使用讓小孔朝板厚方向延伸，以較大焦點深度爲優先的長焦鏡片（該圖之②）。此外在使用高輸出雷射振盪器進行之焊接與熱處理中，鏡片會承受極大的熱負荷，故需使用以金屬鏡片構成的聚光光學系統。

　　焠火需選擇以工件表面的雷射光能量密度平均化，以及符合工件形狀的能量適當分布爲優先的聚光特性。

❸　對鑽孔的影響

　　雖然對於小孔徑加工的要求而言，較適合使用聚光性高的短聚焦鏡片，但會導致每個移動步驟的有效加工範圍變窄。相對的對於生產性的要

求而言，較適合使用能有效進行大範圍加工的長聚焦鏡片，但卻會導致孔徑變大（同圖之③）。

圖2-2-1　加工鏡聚光特性

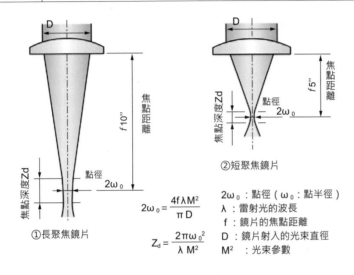

$$2\omega_0 = \frac{4f\lambda M^2}{\pi D}$$

$$Z_d = \frac{2\pi\omega_0^2}{\lambda M^2}$$

$2\omega_0$：點徑（ω_0：點半徑）
λ：雷射光的波長
f：鏡片的焦點距離
D：鏡片射入的光束直徑
M^2：光束參數

圖2-2-2　聚光特性的表現

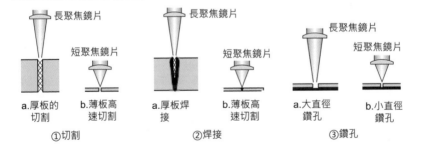

① 切割　　a.厚板的切割　　b.薄板高速切割

② 焊接　　a.厚板焊接　　b.薄板高速切割

③ 鑽孔　　a.大直徑鑽孔　　b.小直徑鑽孔

> **要點｜筆記**
>
> 雷射光的聚光點徑，與決定工件熔化/蒸發能力的能量密度有關。
> 焦點深度則與會影響雷射光在工件內部傳導之引導路徑（切割溝槽與小開孔）的形成有關。

聚光特性對切割的影響

雷射光的聚光特性，幾乎對包含切割溝槽的寬度與錐度，切割面粗糙度，熔渣的附著狀態，切割速度等在內的所有切割性能，皆會造成影響。

❶ 加工聚焦鏡片焦距

在切割溝槽內產生的熔化金屬動作，對加工品質的影響較少的薄板切割中，光點徑較小且能獲得高能量密度的短焦鏡片，可對薄板的高速切割發揮效果。此外透過短聚焦鏡片形成的狹窄切割溝槽寬度，能減少熔化金屬的產生量，對於以低熱量輸入加工爲必要條件的細微加工而言，亦非常有利。

進行厚板的加工時，由於須讓切割溝槽內的液態金屬以最佳狀態流動，必須擴大切割溝槽寬度。而較大的焦點深度，能朝切割溝槽內的板厚下方方向，將雷射光維持在高能量強度的狀態，提高熔化能力。故長聚焦鏡片對於切割厚板能發揮效果。且長聚焦鏡片的加工位置與鏡片間的距離較大，故同時具有防止鏡片髒污的效果。

❷ 焦點位置

焦點位置會改變工件表面上的光點徑，以及雷射光射入工件內部的角度，影響切割溝槽的形成，以及雷射光在溝槽內的多重反射作用。並連帶影響切割溝槽內的輔助氣體與熔化金屬的流動狀態。**圖 2-2-3** 爲焦點位置 Z 與工件上方切割溝槽寬度 W 之間的關係。

此處將焦點位於工件表面的狀態定義爲 Z＝0，焦點位置朝上方移動時爲「正向」，朝下方移動時爲「負向」，並以 mm 作爲移動量的單位。在焦點位置 Z＝0 時，工件的上方切割溝槽寬度 W 最小，不論焦點朝上方或下方移動時，上方切割溝槽寬度 W 皆會變大。此外鏡片的焦點越短時，與焦點位置變化連動的上方切割溝槽寬度變化量越大。

圖 2-2-4 爲加工對象與最適合加工之焦點位置 Z 之間的關係。當 Z＝0 時，在工件表面能獲得最高的能量密度，且熔化範圍較狹窄，因此適用於薄板的高速切割與高精度切割用途。當 Z＞0 時，將產生讓工件表面寬度與板厚內部的切割溝槽寬度變大的作用，因此適用於以氧氣作爲輔助氣體

的厚軟鋼板切割用途。當 Z＜0 時，工件表面的寬度將變大，雷射光朝板厚方向內部進行之擴散將被抑制，造成熔化能力增強，故適用於以氮氣作為輔助氣體的無氧化切割用途。

圖2-2-3　焦點位置和上方切割溝槽寬度的關係

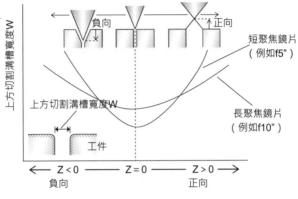

圖2-2-4　根據加工對象設定焦點位置

焦點位置	特徵	適用
①Z = 0	切割溝槽寬度最窄，可進行高精準度加工。	・減少錐度的加工 ・表面粗糙度良好的加工 ・高速度加工 ・減少熱影響的加工 ・精細加工
②Z > 0	加寬切割溝槽下方寬度，改善氣體的氣流和熔化物的流動性	・厚板CW、高頻脈衝加工 ・壓克力加工 ・模具板加工 ・瓷磚加工
③Z < 0	加寬切割溝槽下方寬度，改善氣體的氣流和熔化物的流動性	・Aℓ空氣切割 ・Aℓ氮氣切割 ・不鏽鋼空氣切割 ・不鏽鋼氮氣切割 ・鍍鋅鋼板空氣切割

要點　筆記

進行雷射切割時，需依據工件的材質與板厚，選擇最合適的加工鏡片焦距，並設定正確的焦點位置。原因在於這些項目能讓切割溝槽內產生的熔化金屬，以最適當的方式由溝槽內排出。

聚光特性對焊接與熱處理（焠火）的影響

聚光點與焦點位置，亦會大幅影響焊接與焠火中的加工能力。

❶ 設定最佳焦點位置

圖 2-2-5 為焊接中的焦點位置與小孔形成之間的關係。在①的 $Z>0$ 之情況下，工件表面的雷射光能量密度將會下降，進而限制小孔產生，形成熱傳導型的焊道。在②的 $Z=0$ 之情況下，工件表面的能量密度最高。但當小孔越往板厚內部延伸時，小孔的底部離聚光點位置越遠，因此能量密度將下降，小孔無法變大。在③的 $Z<0$ 之情況下，小孔底部會隨著小孔延伸而逐漸接近焦點位置，因此能量密度將增加，小孔將會變大。

圖 2-2-6 為在輸出量 1kW 的低輸出下，即將發生底層焊接（工件背面熔化）的速度，在 $Z=0$ 附近能獲得最高速度的條件。此外**圖 2-2-7** 為輸出量 3kW 與 5kW 之高輸出下的熔化特性，當 $Z<0$ 時，熔化深度將變深。通常在高輸出或低速的加工條件下，可充分確保工件表面的能量密度，因此可藉由設為能讓小孔成長之 $Z<0$ 的方式，提升熔化特性。

❷ 聚光光學系統之選擇

圖 2-2-6 為焦距在 1kW 之低輸出下，對焊接能力的影響情況，可看出使用點徑較 f7.5" 鏡片小的 f5" 鏡片時，焊接速度將變快。**圖 2-2-8** 為在 5kW 的高輸出下，鏡片焦距與熔化特性之間的關係。在焊接速度高於 5 m/min 的高速區域中，短聚焦鏡（f5"）的熔化深度較大，在低於 4 m/min 的低速區域中，則是能讓小孔變大之長聚焦鏡（f10"）的熔化深度較大。

對於低輸出條件與高速的要求，適合使用以高能量密度為優先的短聚焦鏡，對於以高輸出條件創造熔化深度的要求，則適合使用以小孔形成為優先的長聚焦鏡。

❸　焠火的聚光光學系統選擇

　　焠火寬度與硬化層的深度，會因為工件表面的雷射光能量分布而改變。因此需配合加工對象，對照射面的能量分布進行最佳化控制，並依據加工部位的溫度反饋，控制振盪器的輸出。

圖2-2-5	小開孔生成和焦點位置的關係

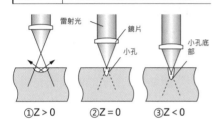

①Z > 0　　②Z = 0　　③Z < 0

圖2-2-6	低輸出的焊接特性

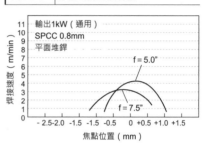

圖2-2-7	大輸出的焊接特性

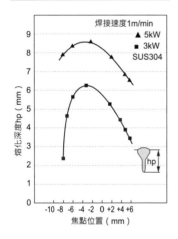

圖2-2-8	因應焊接速度的最佳聚光特性

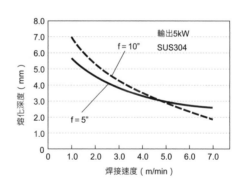

要點　筆記

> 深度熔化焊接要求以小開孔形成為優先的聚光特性，薄板的高速焊接要求以能量密度增加為優先的聚光特性。
> 雷射焠火則要求以工件表面的能量平均分布為優先之聚光特性。

聚光特性對鑽孔的影響

　　鑽孔要求的是能滿足製作出較小的孔徑，讓不同大小的孔徑同時存在，適用複合材料，生產性較高等要求的聚光特性。此外由於聚光點部位的能量密度，會因為雷射的種類出現過高或不足的情況，因此需分別使用各種雷射最合適的聚光特性。

❶　鑽孔加工中的光學系統

　　能獲得較大能量密度的 CO_2 雷射，使用圖 2-2-9 所示般的成像光學系統（像轉寫光學系統）。振盪器射出的雷射光，會藉由光罩僅取出最適合加工的部份，其光束直徑將由原本的 D 變為 M1。在加工點位置的光束直徑 d2，可利用光罩至加工鏡片之間的距離 a，以及加工鏡片至聚光點之間的距離 b，記載為以下關係。

$$d2 = M1 \times \frac{b}{a} \;\; ; \;\; \frac{1}{f} = \frac{1}{a} + \frac{1}{b}$$

　　為了能自動獲得可製造出滿足加工要求孔徑的光束直徑，光罩直徑 M1 採用可進行可變控制的機構。加工採用將雷射輸出、脈衝頻率、射擊發數設為最佳狀態，直接將已成形的雷射照射加工孔的直接成孔（Punching）方式進行。

　　當使用雷射輸出較小的 UV 雷射時，為了提高能量密度，必須縮小聚光點徑 d1，故使用圖 2-2-10 所示般，由加工鏡片構成的固定聚光光學系統。然而由於其光點徑小於要求的孔徑，故鑽孔加工需採用連續重複照射雷射光的繞射（Trepanning）方式進行。

❷　焦點位置

　　一般鑽孔加工方式將焦點位置設在工件表面，但在由表面層的高反射材料銅箔（Cu）與聚醯亞胺（PI）樹脂構成的複合材料加工中，必須配合加工工程，以圖 2-2-11 所示般的方式改變焦點位置。在行程①的部分，為了獲得高能量密度，須將聚光於微小光點徑的焦點位置設在工件表面，以繞射方式加工至滿足要求的孔徑為止。在工程②的部分，由於屬於 PI 加工，故將焦點位置朝上方移動，擴大在工件表面上的光束直徑，以直接

成孔方式進行加工，若孔徑較大時，則改以繞射方式加工。此處的離焦亦具有讓照射孔底銅箔的雷射光能量密度降低，減少損傷的效果。

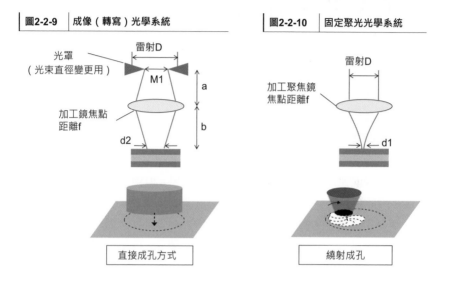

| 圖2-2-9 | 成像（轉寫）光學系統 |
| 圖2-2-10 | 固定聚光光學系統 |

直接成孔方式

繞射成孔

| 圖2-2-11 | 複合材料加工 |

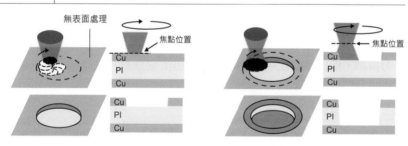

①將焦點位置對準銅箔（Cu）表面進行加工

②焦點位置朝上方挪動的加工

要點 筆記

進行鑽孔加工時，基本上須配合振盪器輸出、聚光特性、以及孔徑，
分別使用直接成孔方式或繞射成孔方式。但選擇加工方式時，
需一併考慮縮短加工時間與提升加工孔邊緣面的品質等事項後，再做出判斷。

輔助氣體的作用

由噴嘴以與雷射光同軸的型態噴出的輔助氣體，具有提高加工性能，保護光學零件等重要作用。

❶ **提高加工性能的作用**

由噴嘴噴出的輔助氣體，其氣體種類與控制方法會因為加工內容與加工材料而改變（**表 2-3-1**）。

在進行切割的部分，對於使用氧氣的金屬加工而言，具有誘發氧化反應，提升加工速度，以及擴大加工板厚的效果。但由於會在切割面產生氧化膜，因此為了防止此情況發生而使用氮氣的無氧化切割，目前正以不鏽鋼的切割用途為主，持續普及中。此外為了減少輔助氣體的成本，亦有廠商使用空氣進行薄板切割。在切割鈦金屬的部分，為防止切割面氧化與氮化而使用氬氣。

在焊接與焠火的部分，為防止加工部位的高溫金屬接觸空氣而氧化，而使用氬氣進行屏蔽。在堆疊焊接的部分，則使用氬氣作為搬運粉末的氣體與屏蔽氣體。

以上各種輔助氣體的控制方式，在壓力相對較高的使用條件下，使用壓力控制，在低壓的使用條件下，則使用流量控制。此外在鑽孔的部分，不會將輔助氣體使用於加工中。

❷ **保護光學零件的作用**

金屬表面經由雷射光照射後，會因為溫度急遽上升而產生焊濺物（飛散的熔化金屬）與燻煙（金屬蒸氣），在非金屬類的切割作業中，則會產生煙霧。此衍生物會遮蔽雷射光，造成加工鏡片與保護玻璃髒污。加工頭的構造如**圖 2-3-1** 所示般，先將輔助氣體導向加工鏡片的下方，再由加工聚焦鏡側透過噴嘴噴出，故能防止加工衍生物侵入加工頭內。

此外採用雙重構造的噴嘴，能利用由外側噴嘴噴出的氣體，保護內部噴嘴噴出的輔助氣體氣流。在厚軟鋼板的切割用途中，原本周圍的空氣會混入切割中的加工區域內，造成切割性能下降，但現如**圖 2-3-2** 所示般，由外噴嘴噴出的氧氣發揮了屏蔽外界空氣侵入，將加工部位的氧氣維持在

高純度狀態的作用 [5]。此外亦有利用雙重噴嘴的外噴嘴噴出的氣體，將內噴嘴噴出的氣流集中導向切割溝槽內部，進而節省氣體使用量的效果。

表2-3-1 | 加工和輔助氣體的種類

加工內容	加工材料	氣體種類	控制方法
切割	黑鐵、不鏽鋼	氧氣、空氣、氮氣	壓力
切割	壓克力	空氣、氮氣	流量
切割	鈦金屬	氬氣	壓力
焊接	黑鐵、不鏽鋼	氬氣、氦氣	流量
焠火	工具鋼	氬氣	壓力
披覆	Stellite™積層造形用金屬粉末	氬氣	流量

圖2-3-1 | 加工頭的結構

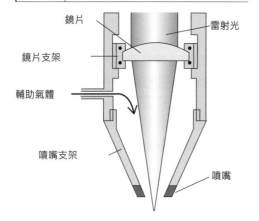

鏡片
鏡片支架
輔助氣體
噴嘴支架
雷射光
噴嘴

圖2-3-2 | 雙重噴嘴保護

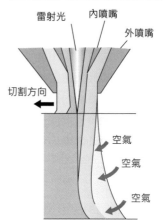

雷射光　內噴嘴
外噴嘴
切割方向
空氣
空氣
空氣

要點 筆記

輔助氣體的作用為提升雷射加工能力與加工品質。
供應給工件的方式為由噴嘴以與雷射光同軸的方式進行噴射，
兼具防止加工部位產生之噴濺物與燻煙，附著於鏡片上的防污對策效果。

輔助氣體之氣流的基本特性

　　噴嘴噴出的輔助氣體，會因為捲入周圍流體造成氣體濃度降低，以及隨著與噴射口的距離拉長，導致流速與氣體壓力下降，進而影響加工性能。

❶　氣體濃度降低

　　圖 2-3-3 為噴嘴噴出的氣體濃度，隨著與噴嘴出口的距離拉長而降低的狀態。此情況為噴嘴噴出的氣體捲入周圍流體（空氣）所造成。圖中 C_0 代表噴嘴內的氣體濃度，C 代表離開噴嘴各位置的氣體濃度，並使用 C/C_0 標示濃度的比率。$C/C_0＝1$ 的部分為能夠確保噴嘴內氣體濃度的範圍，僅限由噴嘴前端起算非常短的距離範圍內。尤其在切割厚黑鐵鋼板的作業，由於以燃燒作用作為切割現象加工的基礎，故即使氧氣濃度僅稍微降低，也會導致切割品質劣化，必須多加注意。

❷　氣體壓力降低

　　氣體由噴嘴噴出後，其氣流會如**圖 2-3-4** 所示般被周圍氣流帶動，由原本中央的較大流速轉變為朝半徑方向散開的小流速分布。由噴嘴噴出後依然能維持噴嘴內壓力的區域，也就是所謂的等速核心（Potential core），其長度與噴嘴孔徑成正比。切割厚不鏽鋼板時，為了在切割溝槽內部確保較高的輔助氣體壓力，以防止熔渣附著在背面，故會使用大口徑噴嘴，擴大等速核心的範圍。

　　圖 2-3-5 為對於由直徑 1.5 mm 的噴嘴噴出的輔助氣體，測量其壓力的結果。①為由噴嘴前端朝垂直方向陸續測量至距離 11 mm 處的壓力結果。噴嘴內壓力設為 0.12 MPa，在由噴嘴前端起算的距離少於 0.5 mm 的範圍內，可確保 0.1 MPa 以上的壓力，但超出此範圍後，壓力即急速下降。②為在噴嘴下方距離 1 mm 處，朝水平方向測量壓力的結果。雖然在噴嘴半徑 0.75 mm 的範圍內，仍能保持 0.07 MPa 的壓力，但與噴嘴中心的距離超過此範圍後，壓力即急速下降。

　　請如上述內容般，藉由掌握噴嘴噴出之輔助氣體特性的方式，在期待氧氣屏蔽效果的加工，以及期待能利用氮氣等高壓氣體條件，去除熔化金屬等加工中，以最佳方式進行加工。

圖2-3-3	從噴嘴噴射的輔助氣體濃度變化（氣體噴流等濃度線）

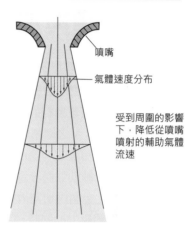

圖2-3-4	從噴嘴噴流和氣體速度分布

噴嘴

氣體速度分布

受到周圍的影響下，降低從噴嘴噴射的輔助氣體流速

圖2-3-5	輔助氣體的壓力分布

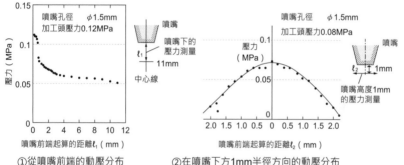

①從噴嘴前端的動壓分布　　　②在噴嘴下方1mm半徑方向的動壓分布

要點　筆記

會影響加工的輔助氣體，被要求需具備控制性，尤其是在讓氣體於狹窄溝槽寬度內流動的切割加工中，更要求須具備高度控制性。在氣體會與工件形成衝擊噴流的加工部位，氣體的動作會變得非常複雜，故維持噴嘴特性的維護保養工作亦非常重要。

輔助氣體與加工的關係

以下說明適合加工的輔助氣體條件設定方法。

❶ 輔助氣體在切割中的影響

在使用高壓氮氣進行的無氧化切割中，容易受到輔助氣體影響的加工品質為**圖 2-3-6** 所示之切割厚不鏽鋼板時，熔渣附著在工件背面的情況。選擇合適的噴嘴與設定合適的輔助氣體條件時，被要求必須能減少此熔渣的量，以及減少輔助氣體流量以降低運行成本。在無氧化切割中，當板厚越厚時，將熔化金屬由切割溝槽中排出所需的力量越大，故採用能在設定較高之輔助氣體壓力的同時，抑制氣流紊亂，減少氣體消費量的噴嘴構造。

利用氧氣產生的氧化反應切割黑鐵時，若因為切割對象較厚而提高輔助氣體壓力，將引發過度燃燒（自燃），導致切割溝槽大幅擴大。此外厚板的切割面品質亦容易受到氧氣純度的影響，即使純度僅些微降低，也會造成由切割面的中央部位至下方的切割面粗糙度惡化。其對策要求將切割溝槽內因燃燒作用產生的熱量充分朝板厚方向（縱向）釋出，抑制燃燒作用朝橫向擴展。故噴嘴採用能讓加工部位的氣體維持在高純度的構造，且設定合適的輔助氣體條件時，選擇能防止過度燃燒的參數。

❷ 輔助氣體在焊接與熱處理（焠火）中的影響

為了將空氣屏蔽在雷射光的照射部位外，進行雷射加工時會如**圖 2-3-7** 所示般，朝加工部位噴射氬氣。與需將氣體壓力控制在較高狀態以排出熔化金屬的切割不同，焊接中的輔助氣體條件設定並非控制氣體壓力，而是採用能以高精準度噴射少量氣體的流量控制。

會受到輔助氣體影響的焊接缺陷如**圖 2-3-8** 所示般，為在工件表面的焊接焊道與母材交界連續產生的凹陷（undercut）。

凹陷部分容易造成應力集中，導致疲勞強度不足。造成凹陷發生的原因為氣體流量過剩，以及噴嘴中心校正不佳，導致噴出的氣體偏移所致，必須多加注意。

焠火雖然會在需要工件表面的屏蔽性時，使用輔助氣體，但輔助氣體對加工部位的影響並無焊接嚴重。

圖2-3-6 | 設定切割上的噴嘴和氣體條件

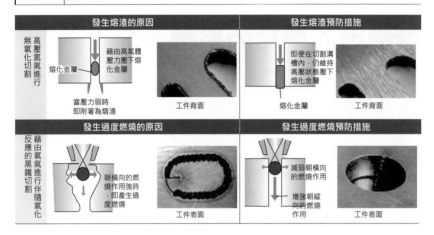

縱欄左側（由上而下）：
無氧化切割｜高壓氮氣進行
反應的黑鐵切割｜藉由氧氣進行伴隨氧化

| 發生熔渣的原因 | 發生熔渣預防措施 |

藉由高氣體壓力壓下熔化金屬

當壓力弱時即附著為熔渣

工件背面

即便在切割溝槽內，仍維持高壓狀態壓下熔化金屬

熔化金屬

工件背面

| 發生過度燃燒的原因 | 發生過度燃燒預防措施 |

朝橫向的燃燒作用強時，即產生過度燃燒

工件表面

減弱朝橫向的燃燒作用

增強朝縱向的燃燒作用

工件表面

圖2-3-7 | 屏蔽氣體對焊接的影響

雷射光
噴嘴
輔助氣體
焊接焊道

圖2-3-8 | 以輔助氣體為原因的焊接缺陷

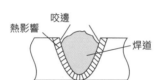

熱影響
咬邊
焊道

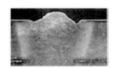

焊接焊道斷面

要點 **筆記**

若輔助氣體的條件不合適，在切割時會造成過度燃燒與產生熔渣，進而需在加工後進行修整，或重新進行加工。在焊接與焠火時則會造成加工部位氧化，尤其是焊接會形成應力集中的焊道形狀。

噴嘴中心偏移的影響

　　若在加工機的連續運作過程中，噴嘴上的輔助氣體與雷射光之定位狀態發生變化（偏移），將出現加工能力下降的情況。故須確認有無此現象，持續改善加工能力下降的情況。

❶　噴嘴中心與雷射光的定位

　　位於加工頭前端的噴嘴中心與雷射光的位置不一致的狀態，稱為中心偏移，並且會引發加工品質因加工方向而改變的現象。此情況係因為輔助氣體無法平均流入遭雷射光熔化的區域所致。

　　圖 2-3-9 為在雷射切割中，噴嘴中心與雷射光的位置不一致的狀態。工件上照射到雷射光的位置周圍，熔化的物質與蒸發的物質會不斷擴大，但當輔助氣體的噴射強度存在差異時，加工衍生物的飛散狀態將變得不平均。修正噴嘴中心偏移的方法為以邊確認邊移動噴嘴或加工聚焦鏡位置的方式，調整至雷射光周圍的飛散狀態變得平均為止。

　　如在已發生此中心偏移的狀態下進行加工，將出現圖 2-3-10 所示的加工品質。在使用氮氣進行的無氧化切割中，輔助氣體的壓力會因為加工方向而改變，造成熔渣的產生量出現差異。在黑鐵的氧氣切割中，氧化反應的狀態將會改變，並因加工方向出現過度燃燒或切割面粗糙度惡化的情況。焊接與焠火同樣會因屏蔽狀態隨著加工方向而改變，導致加工部位的氧化狀態出現差異。此外氣壓的變化亦是造成焊接凹陷的原因。

❷　在加工過程中發生的中心偏移

　　雷射光照射金屬時，照射部位會出現急遽的溫度上升與蒸發的情況。蒸發的壓力可能會讓熔化金屬轉變為細小顆粒狀的焊濺物，並附著於噴嘴上。此附著在噴嘴上的焊濺物，會如圖 2-3-11 所示般擾亂輔助氣體的氣流，造成即使雷射光仍位於噴嘴的中心，輔助氣體卻出現如同噴嘴中心偏移般的狀態。

　　為防止此焊濺物附著，需在噴嘴上塗抹焊濺物防止劑，並在雷射加工機上設置去除焊濺物用的刷頭，讓刷頭定期在加工中途執行去除焊濺物的

動作。此外須將噴嘴改爲雙重構造，讓焊濺物附著在外側噴嘴上，避免其擾亂內側噴嘴的氣流。

圖2-3-9　噴嘴中心偏移

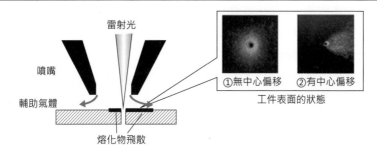

圖2-3-10　噴嘴中心偏移對加工的影響

圖2-3-11　噴嘴附著噴濺物

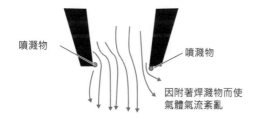

要點 筆記

若發生不良時，在首次診斷中將噴嘴中心偏移作爲其原因，必定是因爲加工品質會隨著加工方向而改變。在此情況下進行第二次診斷時，必須將雷射光與噴嘴的因素分離，排除無關的因素後，再追究不良原因。

安全操作須知

操作雷射加工機時，必須一併學習其他工具機通常不需學習的安全相關知識，例如雷射光與因高溫產生的加工衍生物等。

❶ 與雷射光有關的安全對策

關於雷射光的安全，在雷射產品之安全基準的 JIS C 60802 中，依據危險程度區分其等級說明了其危險內容。CO_2 雷射與光纖雷射的雷射光無法以肉眼看見，因此當雷射光照射到人體時，尤其是高輸出的雷射光，將造成眼部傷害（**圖 2-4-1**）或灼傷等傷害。須注意避免眼部與皮膚直接或間接照射到雷射光。具體作法為必須圍住雷射管理區域，設置注意標示物（看板）、進行遠距操作、穿戴護目鏡/防護衣、實施檢查與維護、實施安全衛生教育訓練、以及進行健康管理（**圖 2-4-2**）。

並且亦須依據勞動安全衛生法之規定，建立勞動安全衛生管理體制，選任雷射設備管理員，實施雷射設備的管理（**圖 2-4-3**）。

❷ 關於加工時產生之物質的安全對策

尤其對於雷射加工時會產生大量衍生物的切割，更需特別注意。透過切割去除的量（切割寬度×厚度×長度），會變為粉塵或分解成為氣體污染環境。粉塵與分解氣體屬於對人體有害的物質，故對於粉塵需設置集塵機，對於分解氣體則須設置除臭裝置或排氣裝置。

切割金屬時，高溫的熔化物會飛散至可燃物上引發火災，或因為鋁粉與氧化鐵粉產生化學反應（鋁熱反應），出現爆發性的高溫。要防止此類問題發生，必須清理與檢查加工機及其周圍。

❸ 其他安全對策

(1) 使用壓力較高的輔助氣體時，必須接受高壓氣體安全法規的規範，嚴密管理設備。操作加工機之環境中的氧氣濃度變化，亦即過高或過低的濃度皆會影響安全，必須多加注意。

(2) 亦須注意遭活動部位夾傷的事故。須牢記加工過程中不可接近工作台，進行維護時須將設備停機鎖定的規定。

(3) 亦須要對光學零件之毒性的對策。CO_2 雷射加工機上的加工鏡片與出力鏡片，皆使用了指定毒物的 ZnSe（硒化鋅），使用與報廢時需多加注意。

(4) 雷射加工機的電源裝置內，含有使用高壓電的部分，進行維護等作業時，需注意避免觸電（**圖** 2-4-4）。

圖2-4-1 | **對眼球的影響**

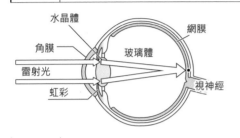

· 雷射光會穿透角膜、水晶體、玻璃體而到達網膜
· 由網膜後方的黑色素吸收雷射光
· 當雷射光的能量大時，蛋白質會凝結
· 對光敏感的組織退化，導致視力障礙

圖2-4-2 | **注意標識範例**

設定雷射管理區域和設置雷射警告標識

警告標識（參考）

雷射管理區域標識（參考）

圖2-4-3 | **管理人的選任**

圖2-4-4 | **高電壓的使用場所**

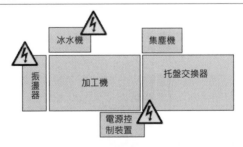

冰水機　集塵機　振盪器　加工機　托盤交換器　電源控制裝置

要點　筆記

安全作業為較任何事項優先的致力推動事項。請重新學習在其他工具機上幾乎不會用到光的基礎知識，以萬全的安全體制使用雷射加工機。

啟動雷射加工機前的檢查作業

　　啟動雷射加工機前，必須以檢查安全爲基礎，以及類似將加工機的能力提高至極限用的維護保養作業型態，進行檢查（**圖 2-4-5**）。

❶ 開啟電源前檢查

(1)　確認作業環境

　　確認有無會妨礙作業的障礙物，地板有無油污等污垢，以及有無可燃物，若結果爲有時，將其排除（**圖 2-4-6①**）。接著爲了排除雷射光照到人體的可能性，需確認是否已穿戴護目鏡（該圖②），是否已關閉遮蔽用的隔板與保護蓋上的門板，以及此類物品是否接爲破損。

(2)　確認氣體設備

　　確認調節閥已關閉後，開啓氣體供應來源的配管考克，將調節閥設爲規定的設定壓力。接著確認氣體配管上的接頭與管路，是否確實無氣體外洩。

❷ 開啟電源後檢查

(1)　確認周邊設備

　　啓動冷卻塔（僅限冷卻機爲水冷式時），確認是否發出異常聲響，以及水流循環是否無異常。

　　啓動吹淨用與加工用的空氣壓縮機。確認無異常聲響且指示壓力正常後，進行排水。排水爲將會造成光學零件髒污之水分排出的必要作業，請務必實施。

　　細微粉塵與有害氣體必須將其由加工區中吸出。故須確認此作業所需的集塵機與除臭裝置是否能正常運作（該圖③）。

(2)　確認雷射加工機

　　近來的加工機皆具備自我檢查功能，可自動確認幾乎加工機的所有功能，但以下與雷射光及輔助氣體有關的確認，爲其中尤其重要的確認項目。

· 雷射振盪器的輸入輸出特性不得有問題（能依照加工條件指示內容輸出）。

· 噴嘴的中心不得偏移（噴嘴上無損傷）。

· 焦點位置必須正確（掌握噴嘴位置與焦點位置的關係）。
· 輔助氣體壓力必須與加工條件的指示值一致。
· 必須清理加工機的切屑輸送帶與廢料回收盒（該圖④）

圖2-4-5　啟動雷射加工機前的檢查作業

接通電源前的檢查　→　接通電源後的檢查　→　運作

作業環境的確認　　　　周邊裝置的確認
氣體設備的確認　　　　雷射加工機的確認

圖2-4-6　具體檢查作業範例

雷射光（尤其是CO$_2$雷射）會受到紙張、木材、布等吸收，一旦照射到光束就會燃燒。請勿在加工工作台上和周圍放置紙張、木材、布等。

①周圍環境的注意

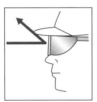

需注意，不可目視遠紅外雷射光。雖以低危險的可視光雷射光（輸出1mW左右）進行光軸調整，但即便是可視光仍請勿直接目視。

②人體的注意

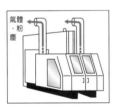

請確認用於從加工工作台周圍或加工室，吸引金屬材料加工時所產生的微細粉塵、或各種塑膠材料加工時所發生之熱分解生成物的集塵機和脫臭裝置，均能正常運作。

③周邊設備的注意

加工用雷射光
反射光　　　工件
　　　　　加工位置　　反射光
　　　　　　　　　　　　　條板支撐物支撐
　　　反射光
反射光　　　　　　廢料盒
　　　　　廢料

廢料盒、排氣管、集塵機上堆積切割粉塵等時，有可能引起化學反應或反射雷射光，因此請定期徹底清除。

④雷射加工機的注意

要點｜筆記

對於提升雷射加工機的生產性而言，防止突發性故障發生為不可或缺的要件。故如希望在具有重要作用的開工前檢查中，防止發生檢查疏漏，必須定期依照檢查清單確實實施檢查，以及確實交接。

何謂 NC 程式

❶ NC程式的製作方式

雷射加工機屬於 CNC（數值控制）工具機之一，故需有 NC 指令數據（加工程式）方可運作。NC 編程主要使用 CAD/CAM 製作，但若是程式內容較簡單時，亦可以人工方式製作。

❷ 控制軸數與座標語

標準規格的二次元雷射加工機具備 3 軸的軸數，三次元雷射加工機則具備 5 軸的軸數，並且可進一步追加旋轉等附加軸。NC 程式使用英文字母的座標語標示此類軸。如在**圖 2-5-1** 所示的範例中，基本軸由 X、Y、Z 構成，旋轉軸由 A、C 構成。

❸ 程式格式

將控制資訊提供給控制裝置時的規定格式，稱為程式格式。NC 程式如**圖 2-5-2** 所示般，由英文字母與數字的組合構成。其中英文字母部分稱為位址，如以下範例中標示底線的部分。此外與雷射加工機的各種動作有關的各項功能，使用的位址（英文字母）皆固定不變，其主要位址如**圖 2-5-3** 所示。

> 例）G01 X50. Y-60. F5000

❹ 數據

接在位址之後的數值稱為數據，如以下範例中標示底線的部分即為數據。

> 例）G01 X50. Y-60. F5000

❺ 單語與單節

將位址與數據組合成的資料稱為單語。在下列範例中共有 4 個標示底線處，此部分即為單語。

> 例）G01 X50. Y-60. F5000

將數個單語結合在一起時的集合稱為單節，其中含有讓設備執行某個特定單一動作所需的資訊，一個單節本身即是一個完整的指令。下列範例中的底線部分即為單節。

例）G01 X50. Y-60. F5000

此在在鑽孔加工作業中，除了 NC 程式外，還須搭配特殊鑽孔位置數據使用。

| 圖2-5-1 | 控制軸 |

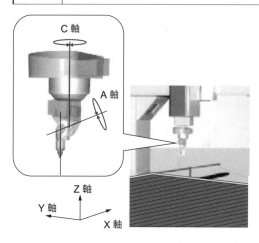

C 軸

A 軸

Z 軸

Y 軸

X 軸

| 圖2-5-2 | 程式範例 |

```
#501
M66
G90
G92  X30.  Y20.
G00  X107.  Y70.  G40
M98P9010
G01  G40  X110.  Y70.
G03  X110.  Y70.  I-10.  J0.
M121
M199
```

| 圖2-5-3 | 位址範例 |

位址	功能、名稱	用途
O	程式編號	程式的識別
N	順序編號	行的單節編號
G	準備功能	加工送進や快進等動作指令
M	輔助功能	光束和輔助氣體ON/OFF等控制指令
X、Y、Z、U、W、I	座標語	X、Y、Z、U、W：軸移動指令 I：圓弧的中心座標
R	指定圓弧半徑	指定圓弧的長度半徑
F	指定送進速度	切削時的送進速度設定（mm/min）
S	輸出指令	雷射輸出的變更指令
T	指定功率週期	脈衝參數的變更指令
P	停滯指令時間(tarry)	停止指定時間

要點｜筆記

可使用NC程式自動加工的雷射加工機，其優點為可提升生產性，
可確保品質穩定，可進行複雜形狀的加工，以及可提高安全性。
缺點則是準備作業較為繁雜，如在準備過程中出現疏失，將引發連續不良。

座標系統與原點的設定方式

欲讓雷射加工機自動運作時，必須製作 NC 程式。NC 程式使用座標系統（座標值）指示加工頭與工作台的動作，故必須決定座標系統的原點。

❶ 機械原點與工件原點

雷射加工機具備機械原有的座標系統，此系統稱爲「機械座標系統」，機械座標系統的原點則稱爲「機械原點」。機械原點一般如圖 2-5-4 所示般，設定在工作台行程末端。NC 程式（工具路徑：雷射光（加工頭）移動的路徑）需依據圖面所示的形狀進行製作，但經常需連續加工多種形狀的二次元切割，若以機械原點爲基準時，可能會導致作業變得非常複雜。

故有時會以對作業者較方便的任一位置，作爲座標軸的原點。此種座標系統稱爲「工件座標系統」，工件座標系統的原點則稱爲「工件原點」（圖 2-5-5）。一般工件原點會設在較容易思考加工位置座標值的位置，例如加工形狀的左側等處。由於工件原點爲製作 NC 程式用的原點，故也被稱爲程式原點。

❷ 分別使用不同類型的原點

機械原點爲加工機決定的既有座標原點，工件原點則是使用者能自由設定的原點。以 NC 程式發出指令的 X、Y、Z 位置，基本上會與雷射光照射在工件上的照射點中央一致。但我們必須了解到雷射光的照射點位置並非永遠固定不變。原因在於當實施光學零件的維護作業或調整光軸等作業後，雷射光的位置將會偏移。因此儘管對於以每次皆會重新設定原點的工件座標系統進行之加工而言，並不會產生問題，但對於使用機械座標系統進行之加工而言，則會多出對固定的機械原點與雷射光位置進行調整的作業。

由於二次元切割大多係由任一位置加工多個形狀，故一般以工件原點作爲基準。但在加工立體形狀的三次元切割與焊接部分，由於必須先將安裝在固定治具上的工件加工位置教導給系統後，再由相同位置開始加工，因此以機械原點作爲基準。而在利用視覺感測器定位的鑽孔加工方面，由於感應器的位置固定不變，故以機械原點作爲基準。

圖2-5-4 | 機械原點

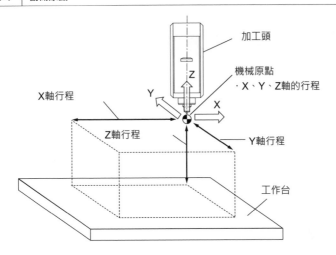

加工頭

機械原點
·X、Y、Z軸的行程

X軸行程

Z軸行程

Y軸行程

工作台

圖2-5-5 | 工件原點

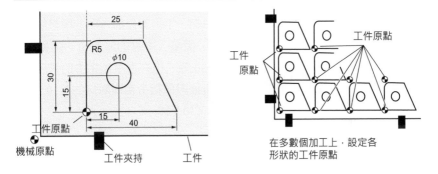

工件原點

工件
原點

工件原點

機械原點

工件夾持　　工件

在多數個加工上，設定各
形狀的工件原點

81

絕對值指令與增量值指令的設定方法

❶ NC程式的指令方法

NC 程式的指令方法共有兩種，分別爲絕對值指令與增量值指令。

(1) 絕對值指令

以程式的原點爲基點，直接指示移動目的地座標值的方法。

又名 Absolute 指令，動作指令的 G 代碼爲 G90。

(2) 增量值指令

指示由現在位置的座標值至目的地位置的座標值之間的增加量或減少量的方法。當指令爲正值時，將朝正向移動，指令爲負值時，則朝負向移動。又名 Incremental 指令，G 代碼爲 G91。

圖 2-5-6 爲由原點 0 經由 A 前往 B 時，①絕對值指令與②增量值指令的比較情況。在絕對值指令的情況下，需輸入各點的座標值，例如對 A 點輸入 X10.Y20，對 B 點輸入 X40.Y30.等。但在增量值指令的情況下，雖然由原點前往 A 的增加量，需輸入與絕對值指令相同數值的 X10.Y20.，但 B 點則需輸入由 A 點起算的增加量 X30.Y10.。

❷ 分別運用絕對值指令與增量值指令

絕對值指令由於爲直接指示座標值，因此較容易掌握雷射光的照射位置。此外還具有當指令的座標值有誤，欲配合設計變更修正加工路徑時，只需修正希望修正處之座標值即可等優點。相對的增量值指令則具有需輸入的 NC 數據量較少的優點，然而當輸入的座標值存在錯誤時，後續的座標值將全部偏移。故製作在雷射加工機上使用的 NC 程式時，通常使用絕對值指令，並視需要使用增量值指令。

❸ 設定座標系統

所謂設定座標系統，係指將加工頭所在位置作爲加工基準點的原點（工件原點），重新設爲希望使用之座標值的功能。爲了讓使用者能輕鬆操作，若預先決定將加工形狀左下方等規定位置固定作爲原點，並由該處開始加工的話，將更爲方便（**圖 2-5-7**）。此設定用的 G 代碼爲 G92。

圖2-5-6 | 絕對值指令和增量值指令

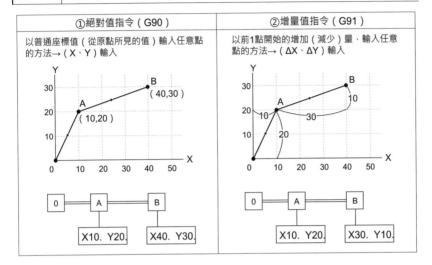

①絕對值指令（G90）	②增量值指令（G91）
以普通座標值（從原點所見的值）輸入任意點的方法→（X、Y）輸入	以前1點開始的增加（減少）量，輸入任意點的方法→（ΔX、ΔY）輸入

圖2-5-7 | 座標系統的設定

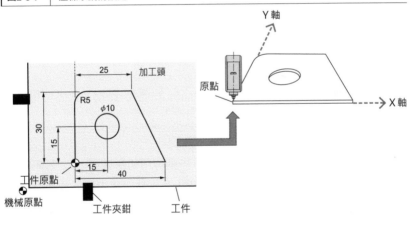

NC 程式的製作步驟

以由 P0（原點）至 P10 的順序，加工**圖 2-5-8** 所示形狀的 NC 數據，如**圖** 2-5-9 所示。P1 為中間孔，P3 為外圍加工的雷射穿孔（piercing）位置。

❶ 移動指令的製作方式

移動指令係指讓加工頭或加工台移動至以 X□Y□標示之終點座標為止的指令。

(1) 快進（順序編號 N005）

利用 N004 由將座標系統設為 X0.Y0.的 P0 開始，維持光束關閉的狀態，以規定的快進速度移動至 P1。此快進指令使用 G00 的代碼。

(2) 直線差補（N007）

利用 N006 讓其結束雷射穿孔，並以維持光束開啓的狀態，在由 P1 開始之 P2 直線這條雷射穿孔助走線上移動。此指令代碼使用 G01（G 41 留待稍後詳述）。

(3) 圓弧差補（N008）

以由 P2 向右轉動的方向，加工 $\phi10$ mm 的鑽孔。此指令代碼使用 G03。另外向左轉動加工時，則使用 G02。

❷ 插入光束開啟、關閉代碼

開啓光束時（N006），將同時執行自動啓用仿形裝置，以及開啓輔助氣體等多個動作。故須以 M98 叫出整合所有動作在內的子程式（P9010 等）。關閉光束時（N009、N010）亦同樣需叫出子程式，或插入直接關閉的 M 代碼。

❸ 刀具徑補償

進行雷射切割時，會產生切割溝槽寬度。因此如**圖 2-5-10** 所示般，雷射切割的軌跡（ϕA）將較程式指示的軌跡（ϕa）小。為修正此軌跡偏移，必須向外側移動切割溝槽寬度一半的量。此即為刀具徑補償（OFFSET）的概念，儘管雷射加工機上不需使用刀具，但仍採用此與一般工具機通用的名稱。

由於移動的方向會因爲需要的是切割處內側或外側而改變，故分別使用補償左側的代碼 G41，以及補償右側的代碼 G42。

圖2-5-8 加工形狀

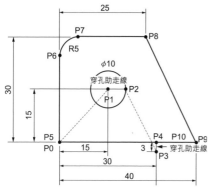

圖2-5-9 加工程式

N001 #501=105 N002 M66	開始代碼
N003 G90	位置指令（絕對值）
N004 G92X0.Y0.	座標系統的設定
N005 G00X15.Y15.	
N006 M98P9010	光束開啟
N007 G41G01X20.Y15. N008 G03X20.Y15.I-5.J0. N009 M121 N010 M199	光束關閉
N011 G40G00X30.Y-3.	
N012 M98P9010	光束開啟
N013 G41G01X30.Y0. N014 G01X0.Y0. N015 G01X0.Y25. N016 G02X5.Y30.I5.J0. N017 G01X25.Y30. N018 G01X40.Y0. N019 G01X30.Y0. N020 M121 N021 M199	光束關閉
N022 G01G40 N023 M30	結束代碼

圖2-5-10 路徑補償

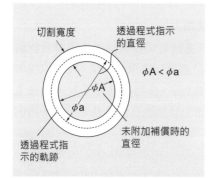

要點　筆記

NC程式除非有特別敘述，否則皆會以由上而下的順序，逐一處理各單節。但由於NC具備預先讀取單節的功能，因此當程式發生錯誤時，亦可能是預讀單節所造成。

二次元切割時的工件固定方式與治具

❶ 由定尺板進行的加工

對定尺材加工時，工件固定的光束移動型雷射加工機，一般以不夾住工件的方式進行加工，但若需要防止加工中出現熱變形，以及使用的為工作台驅動型雷射加工機時，則需夾住工件（**圖 2-6-1**）。夾持區域會造成切割區域縮小，導致板材利用率惡化，因此需採用盡可能縮小夾持區域，或是能讓夾鉗退讓或移動位置的構造。

❷ 對已加工的外側形狀追加內側形狀加工

對**圖 2-6-2** 所示般的已加工外型 A 之內側，追加孔等加工（形狀 B）時，必須由外部形狀的基準位置定位追加加工的位置。因此需正確的定位，並準備易於拆裝工件的治具 C。在治具 C 的範例中，採用將工件的左下方設為基準位置，進行決定追加加工之孔等位置的 NC 程式。

❸ 對已加工的內側形狀追加外側形狀加工

如**圖 2-6-3** 所示般，當將使用模具進行之切割與成形作業整合成數組加工，並以其對樣本 A 進行加工後，必須進行將單品（樣本 B）由樣本 A 分離出來所需的追加外形加工。在此加工中，採用在進行樣本 A 的加工期間，同時加工基準位置的孔，或是以加工形狀的孔作為基準位置，再由該基準點定位外形位置的方法。

(1) 加工基準位置的定位方式

在進行樣本 A 的加工期間，同時加工定位基準孔作為定位孔。加工台上則設置會在裝上工件的同時，插入基準孔中的導銷。藉由此導銷插入位置的樣本 A 基準孔與樣本 B 之間的關係，即可正確定位進行切割。

(2) 以加工形狀作為基準位置的定位方式

追加工程的其中一種方法，為測量已加工完畢的孔，再以該孔位置作為基準，定位外形的位置。測量鑽孔時，一般採用非接觸式的光束測量方式，以及接觸式的接觸探針測量方式。但兩種方式的測量精準度皆可能受到樣本測量部位的表面品質與板材下垂狀態影響，必須多加注意。

圖2-6-1 工件的夾持固定

圖2-6-2 對已加工外側形狀追加加工的夾持

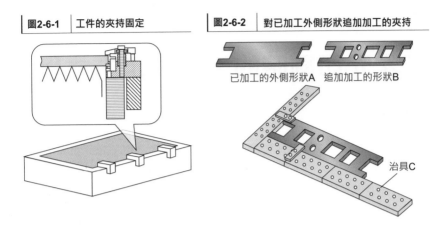

已加工的外側形狀A 追加加工的形狀B

治具C

圖2-6-3 對已加工的內側形狀進行外側形狀追加加工

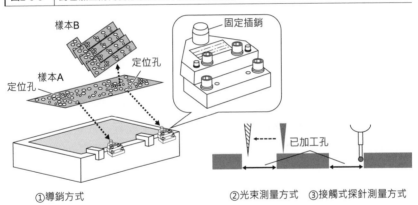

樣本B

固定插銷

定位孔

樣本A

定位孔

已加工孔

①導銷方式

②光束測量方式 ③接觸式探針測量方式

要點 筆記

治具的主要目的為即使在非接觸式加工的雷射切割中，依然能抑制加工中的熱變形與工件移動時之位移用的固定用途，以及重現性較高的高精準度定位。因此能在維持高生產性的狀態下，拆裝與固定工件的構造亦極為重要。

三次元切割時的工件固定方式與治具

　　在**圖** 2-6-4 的工件範例中所示的切割立體成形品用三次元雷射加工機上，無法如 2D 雷射切割般，採用泛用型工件支撐方法。由於三次元雷射加工機被要求必須能如**圖** 2-6-5 所示般，使用 5 軸控制的加工頭與工作台，由所有方向進行切割，因此工件必須固定成懸空在工作台表面上方的狀態。

❶　固定工件用治具的條件

　　固定工件時，必須牢牢固定成即使噴射高壓輔助氣體時，工件也不會位移的狀態。此外進行雷射切割時，熔化的金屬需由工件背面排出，故須盡可能縮小以該固定材料支撐切割路徑時的工件支撐面積，並同時確保牢固的支撐力。由於支撐材料會因為照射雷射而損耗，因此必須簡化支撐材料的拆裝方式，縮短更換時間。由於粉塵會在加工過程中由工件背面排出，為了能更容易的集塵，亦須採用支撐材料上設有排氣通道的構造。

　　另外由於雷射切割亦需追求生產性，故能在確保設置工件時之精度的同時，簡化工件拆裝作業的設計亦極為重要。

❷　使用工件數據製作治具

　　使用以 3D-CAD 製作的 3D 模型（成型模具或工件）的數據，由平板切割出工件支撐材料。在**圖** 2-6-6 的範例中，共切割出 5 個零件(①～⑤)，並將①～④的支撐材料組裝於⑤的基板上。在①～③的材料上，設有作為滯留在工件下方的粉塵之排出通道用的出口開口。讓各支撐材料容易拆裝的方法，一般採用以榫孔與插入用的榫梢進行組裝的構造。

❸　讓治具具備泛用性的製作方式

　　治具被要求的事項，除了必須能牢牢嵌入工件內側的凹凸處，以及容易拆裝外，還必須能彈性的適用於各種工件形狀。故須將黏土固定在**圖** 2-6-7 所示的插梢上方，以該黏土支撐工件。由於黏土屬於消耗品，故插

梢需準備數種高度的類型,插梢固定至工作台的部分則採用以 T 型溝槽固定,能輕鬆調整位置的構造。

圖2-6-4 | 三次元切割的工件例

圖2-6-5 | 固定工件

圖2-6-6 | 使用工件數據的治具

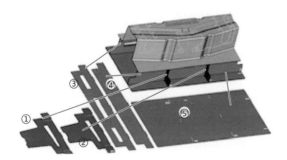

圖2-6-7 | 使用黏土的治具

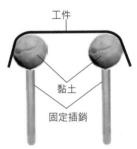

工件

黏土

固定插銷

要點｜筆記

為了讓三次元加工機能以高精度進行切割,必須將工件牢牢固定在工作台上方的半空中。即使製作治具時使用了工件的3D模型數據,仍需加入配合沖壓成型精準度與治具精度的程式修正。

焊接與熱處理（焠火）時的工件固定方式與治具

　　雷射焊接為基本上不在焊接的工件之間使用焊條等中介物，而是直接讓其接合的焊接方式。故如何縮小工件間縫隙極為重要。如直接在工件之間仍有縫隙的狀態下進行雷射焊接，將造成部分母材流入縫隙中，產生龜裂、鑽孔、強度不足的問題，甚至根本無法完成焊接。故製作治具固定工件，防止產生縫隙一事，是雷射焊接的基本要件。

　　焠火則除了此部分外，另需考慮能因應工件在加工過程中之變形的固定方式。

❶ 使用搭接固定

　　圖 2-6-8 為將兩張工件上下重疊的非貫穿焊接範例。儘管需視工件產生的縫隙大小而定，但當縫隙過大時，熔化的金屬將會下沉，引發強度不足（圖 2-6-9）。由於此情況下的可容許縫隙，會因工件的板厚、材質、加工條件等因素而改變，故必須在事前的設定條件時，確實進行確認。

　　焊接治具的概念為由上方將焊接部位的周圍朝基礎部分壓下的構造（圖 2-6-10）。即使在遠離焊接部位的位置，仍可能因焊接過程中產生的熱變形造成縫隙擴大，故須注意壓制位置。

❷ 使用對接固定

　　圖 2-6-11 為讓左右側的工件相互頂住的貫穿焊接範例。由於雷射光的聚光點徑極為細小，當存在縫隙時，雷射光可能會通過縫隙，甚至連讓工件融化都無法做到。例如圖 2-6-12 為工件中間產生縫隙，且雷射光略微向左偏移的焊接範例。呈現只有左側的局部熔化的狀態。由於此情況下的可容許縫隙，同樣會因工件的板厚、材質、加工條件等因素而改變，故必須在事前的設定條件時，確實進行確認。

　　焊接治具的概念為優先將工件朝相互頂住的方向推壓，並同時壓制上下方向的構造（圖 2-6-13）。尤其在對接焊接時，有時會隨著焊接作業進行，出現因熱應力產生的變形，導致接頭面分開的情況。其對策為進行對接焊接前，先利用雷射的點焊將對接部分暫時焊住，之後再由開始加工點

進行正式焊接。只需變更加工條件，就能輕鬆在同一台裝置上對相同軌跡進行的暫時焊接用點焊，在雷射焊接中為非常普遍的方法。

圖2-6-8 搭接接頭例

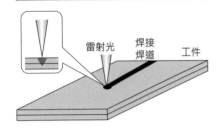

圖2-6-11 對接接頭例

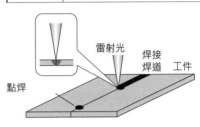

圖2-6-9 搭接接頭發生異常

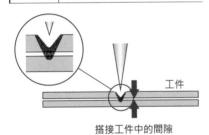

搭接工件中的間隙

圖2-6-12 對接接頭發生異常

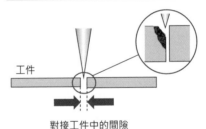

對接工件中的間隙

圖2-6-10 搭接接頭的治具

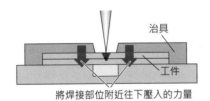

將焊接部位附近往下壓入的力量

圖2-6-13 對接接頭的治具

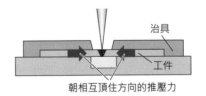

朝相互頂住方向的推壓力

要點 筆記

焊接治具被要求具備的條件，為即使在加工過程中，也能維持工件與工件之間的緊密貼合性。且為了抑制焊接過程中產生的熱變形，以及考慮到焊接部位產生之熱能的冷卻需求，亦須採用銅作為治具材料。

鑽孔時的工件固定方式與治具

隨著印刷電路板日益高密度化，使用雷射進行的鑽孔技術亦被開發為多層基板的鑽孔加工用，且快速普及中。儘管之後亦在盲孔（BVH：Blind Via Hole）與通孔（TH：Trough Hole 加工）的加工中不斷擴大用途，但不論在哪種類型中，反射光對策、維持加工品質、以及以高精準度固定工件等事項，皆非常重要。

❶ BVH加工

在保留多層基板的內層銅箔，僅將其上方的絕緣層鑽孔之 BVH 加工中，需如**圖 2-6-14** 所示般，以讓工件背面（內層銅箔）吸附在加工台頂面的方法固定。由於加工時照射的雷射光不會貫穿內層銅箔，故不會照射在加工台正面上，造成加工台正面受損。為避免雷射加工產生的衍生物（粉塵、加工屑）飛散至加工台正面污染光學零件，必須在加工台正面收集此類衍生物。

❷ TH加工

進行 TH 加工時，若貫穿工件後的多餘雷射光到達加工台正面，將造成加工台正面受損，或是因反射光而導致工件背面的鑽孔加工品質惡化。**圖 2-6-15** 為 TH 加工所需治具的基本概念。

TH 加工時配置於下方的治具上設有貫穿孔，以讓多餘的雷射光通過。並且為了進一步防止通過貫穿孔後的雷射光遭治具底部反射，最好能確保由治具底部起算 30 mm 以上的距離，並配置吸收雷射光用的吸收板（壓克力板等）。治具的吸附口亦與加工台的吸附動作同步，能發揮吸附工件與收集加工衍生物的作用。

此外另有如圖 2-6-16 所示般，將使用雷射進行小孔加工後的薄壓克力板（雷射吸收板）設置於加工台正面，作為簡易型治具，同時對工件與壓克力板加工的方法。透過隨機在壓克力板上加工的小孔部分，由下朝上吸住工件。儘管對工件（基板）進行 TH 加工時，貫穿工件後的雷射光也會照射到壓克力板上鑽孔位置以外的其他部分，但大部分的這些雷射光皆會被壓克力板吸收。由於通過壓克力板鑽孔的雷射光具有擴散的角度，故會

在通過壓克力板鑽孔的階段被內孔壁吸收，轉變爲非常小的能量密度。因此對工作台正面幾乎沒有任何影響。

圖2-6-14　BVH 盲孔加工的工作台

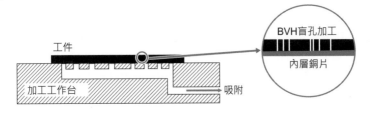

圖2-6-15　TH通孔加工用治具的基本原理

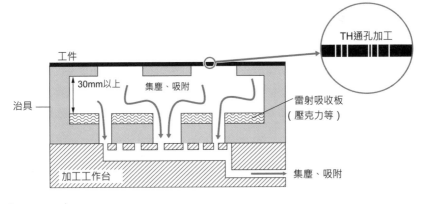

圖2-6-16　簡易TH通孔加工用治具

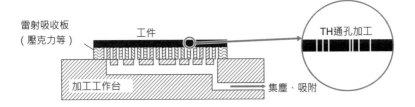

> **要點**　**筆記**
>
> 鑽孔治具對於加工中的雷射光會到達工作台正面的TH通孔加工而言，極為重要。因此需採用以工件被吸附在加工台正面為前提的治具構造，且考慮到同時加工的情況，治具材料大多使用壓克力板。

● 世界已不能沒有雷射 ●

雷射光首次問世的時間為1960年7月,距今剛好60年整。

在過去這60年內,雷射被視為近年來最偉大的發明,並廣受矚目。

我們的日常生活中亦充斥著各種使用雷射的科技,例如DVD播放器、

雷射印表機、條碼機、以及電話與網際網路等使用雷射的光通訊等。

另外在工業界中,則有精密雷射測量、雷射醫療、以及本書中介紹的雷射加工。如今對於世界而言,雷射已是在眾多領域不可或缺的必要技術。

讓雷射光能在短短期間內達成如此飛躍性成長的原因,在於雷射光為方向、

相位、以及波長,皆能以高精準度進行高速控制的人造光源。

再加上需要使用雷射光技術的環境不斷擴大,以及背後有研發雷射技術所需的先進科技支撐。

在製造業的世界中,即使說雷射加工是最受到矚目的技術也不為過。

原因在於藉由引進雷射加工的方式,能以超快速度與超低成本,實現遠勝於以前的高品質精密加工。希望各位讀者也能感受到將工法由既有加工方法轉換為雷射加工的魅力。

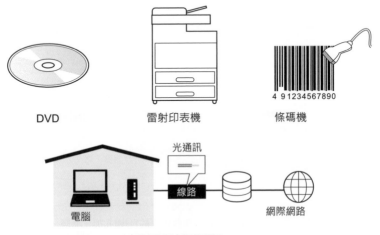

DVD　　　　　　雷射印表機　　　　　條碼機

使用雷射的光通訊

【 第 **3** 章 】

雷射加工機的實際作業與
加工時的要點

切割時需確認的加工品質

在雷射切割中，係以照射在工件上的聚光點徑為中心，產生熔化與燃燒作用，形成寬度略大於聚光點的 2 W 切割溝槽寬度（圖 3-1-1）。當聚光點為正圓形時，會朝所有切割方向產生 2 W 的切割溝槽寬度，但在聚光點為橢圓形的情況下，切割溝槽寬度將因其長短（B/A）而改變，造成加工精準度惡化，故事先即需注意[4]。

❶ 確認切割尺寸

在以 NC 程式製作之加工軌跡進行加工的雷射切割中，聚光點配置於軌跡上，故加工工件會如圖 3-1-2 所示般，會減少等同切割溝槽 2 W 之一半寬度（W）的部分。結果將導致切割尺寸 a"與 b"小於指定尺寸 a 與 b，故須將軌跡向外側移動等同 W 的量後（補正），再進行切割。

❷ 確認熱變形

雷射加工屬於熱加工，故切割溝槽周圍產生的熱能會造成加工工件出現熱變形。當工件的長寬比較大時，將出現左右邊緣面的尺寸 d 不一致，產生彎曲 c，位置精準度 e 惡化（圖 3-1-3）等情況。在設定條件的階段已確認會發生熱變形時，需檢討冷卻方法與修正加工路徑及加工尺寸等。

❸ 確認真圓度

孔加工中的真圓度惡化現象，其成因會因為位置位於工件的表面側與背面側而改變（圖 3-1-4）。表面側的惡化為受到加工機的動態特性影響，背面側的惡化則是受到雷射光的圓偏光度影響。此兩者皆為加工機固有的原因，故必須定出能獲得要求精準度的加工條件，以及調整加工機。

❹ 確認切割面粗糙度與熔渣

切割溝槽內部產生的熔化金屬，會以由上往下的方向在切割溝槽內流動，最後排出切割溝槽外。熔化金屬的流動痕跡即為切割面粗糙度，熔化金屬因排出力道不足而附著於工件背面時，則會形成熔渣（圖 3-1-5），故必須定出合適的加工條件。

❺ 確認切割面傾斜度

切割溝槽範圍的錐度，可記載為上方 a 與下方 b 之差異量的 1/2，由於有時也會出現如切生魚片般，完全朝同側傾斜的狀態，故須在決定條件時進行確認（**圖 3-1-6**）。

圖3-1-1	聚光點和切割溝槽範圍

圖3-1-2	尺寸精度的惡化

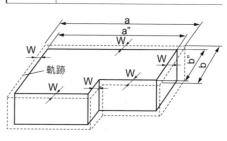

圖3-1-3	熱變形的發生

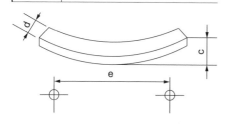

圖3-1-4	正面和背面側的真圓度

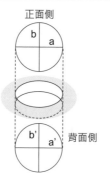

圖3-1-5	切割面粗糙度和熔渣

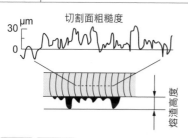

圖3-1-6	切割面的傾斜

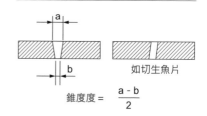

$$錐度度 = \frac{a - b}{2}$$

要點｜筆記

> 為了在雷射切割時獲得高精度的切割品質，必須評估切割溝槽寬度、加工品的對邊尺寸、熱變形、孔加工的真圓度、切割面粗糙度、熔渣量、以及切割面的錐度。

焊接、熱處理（焠火）時需確認的加工品質

由於進行雷射焊接時，係將聚光於微小點內的高能量密度雷射光照射在工件上，故金屬劇烈的熔化與蒸發作用皆會影響加工品質。雷射焠火並未使用外部冷卻，而是利用自我冷卻將表面焠火，故表面熔化的產生情況與硬化層深度都存在限制。

❶ 確認焊接品質

雷射焊接對加工品質的要求項目如下。

1. 必須能完全依照設計尺寸正確完成。
2. 必須能獲得要求的功能與強度（或安全性）。
3. 焊接部位的外觀必須滿足要求的水準。

欲實現此種加工時，必須確認**圖 3-1-7** 所示的焊接品質。

(1) 焊道不可發生凝固龜裂、穿孔、表面粗糙的情況。

- CO、N_2、H_2 等氣體在焊接過程中形成氣泡，而在熔池中留下的開孔，即為氣孔（Blow Hole / Porosity）與凹坑，此類情況皆會造成焊道密閉性下降。
- 鋁合金等材質由熔化轉變為凝固時，可能會出現收縮應力集中，發生龜裂的情況，造成焊接強度下降。
- 劇烈的蒸發作用會引發熔化金屬飛散形成的焊濺物，以及表面粗糙。

(2) 焊道的深度、寬度、高度等項目必須平均。

- 焊道與工件的交界處連續產生的凹陷部位容易造成應力集中，導致疲勞強度不足。
- 在間隙較大的焊接接頭上，焊道表面由工件表面或背面內縮的情況，稱為未焊滿，會造成強度不足。

(3) 焊接後的應變量必須在基準內且完全符合設計尺寸。

- 焊接時的熱能會產生膨脹與收縮的應力，造成精準度惡化。

❷ 確認熱處理（焠火）的品質

進行雷射焠火時，由雷射照射側朝工件的加熱，以及對內側的自我冷卻，皆為單方向進行。因此會形成硬化層深度較淺的表面焠火，故需如**圖 3-1-8** 所示般，確認深度方向與寬度方向的硬度分布。

此外因進行大範圍處理而導致焠火層重疊時，將形成回火。

| 圖3-1-7 | 需確認的焊接品質 |

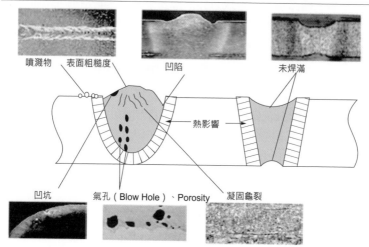

| 圖3-1-8 | 需確認的熱處理（焠火）品質 |

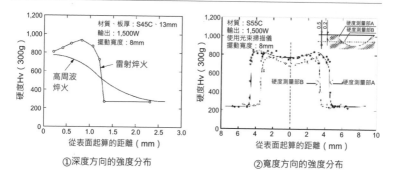

①深度方向的強度分布　②寬度方向的強度分布

要點　筆記

欲達成與維持良好的加工品質時，必須對各種加工不良釐清其原因。此外在加工過程中發生的不良，亦須將其內容留存為記錄，並將對策中的確認事項可視化，以防止再次發生。

鑽孔時需確認的加工品質

對於使用雷射鑽孔的印刷電路板而言，管理會影響其可靠性的鑽孔加工品質一事，極為重要。需致力於依據要求品質，將雷射光的能量密度、強度分布、脈衝條件等事項最佳化。

❶ 使用雷射進行的微細孔加工種類

圖 3-1-9 為使用雷射在印刷電路板上鑽孔時的加工方式，工件的樹脂種類、加工方法、以及加工孔的斷面照片。樹脂直接法為將聚光於要求孔徑中的雷射光，照射在位於內層銅箔上方的樹脂上。Large Window 為事先以蝕刻技術在表面銅箔上加工出較要求孔徑大的開孔，再將聚光於要求孔徑內的雷射光射入其中。Conformal 為事先以蝕刻技術在表面銅箔上蝕刻出與要求孔徑相同的開孔，再照射光徑略大於蝕刻孔徑的雷射光，但蝕刻孔周圍多餘的雷射光將被反射。銅箔直接加工法為同時對表面銅箔及其下方的樹脂，照射要求孔徑的雷射光。

❷ 確認鑽孔品質

鑽孔加工必須確認圖 3-1-10 所示的孔徑精準度與加工面品質。

① 錐度：屬於表面孔徑與底部孔徑之差異量的錐度，雖取決於能量強度與射擊發數，但亦會受到工件厚度的變異與來自開孔底部的反射光影響。

② 內層銅箔損傷：雷射光的能量過多時，會在內層銅箔上產生熔化或貫穿的損傷。

③ 開孔壁面粗糙度：在玻璃環氧樹脂的加工中，當能量強度降至適當值以下時，孔壁面上的玻璃纖維突出量將會增加。

④ 真圓度（背面、正面）：真圓度惡化（a.b.c.）係因雷射光點徑不均，以及照射的雷射光遭內層銅箔反射所產生。

⑤ 樹脂殘留：未去除的樹脂殘留在內層銅箔上面（d.e.）的現象，係因雷射光的能量強度分布不均，以及雷射光穿透開孔底部的樹脂所造成。

圖3-1-9　主要孔加工種類

加工方式	樹脂直接法	Large Window	Conformal	銅箔直接法
樹脂種類	環氧樹脂系樹脂	玻纖環氧樹脂　・聚醯亞胺		
加工方法	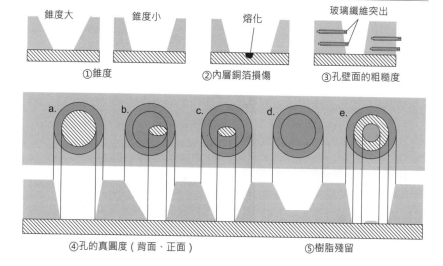			
加工孔斷面照片				

圖3-1-10　需確認的鑽孔品質

錐度大　　　錐度小　　　　　熔化　　　　　玻璃纖維突出

①錐度　　　　　　　②內層銅箔損傷　　　　③孔壁面的粗糙度

④孔的真圓度（背面、正面）　　　　　⑤樹脂殘留

要點　筆記

> 對複合材質進行鑽孔時，必須設為能同時蒸發與去除各種材料的雷射光條件。
> 當鑽孔品質劣化時，必須將雷射光的能量密度、脈衝射擊發數、雷射光的真圓
> 度等項目，調整至最佳狀態。

輸出型態與能量的標示方法

　　輸出型態如**圖** 3-2-1 所示般，分為連續產生雷射光的 CW 輸出，以及斷續性產生雷射光的脈衝輸出兩種類型。由於在切割、焊接、熱處理中，皆須連續以雷射光照射加工部位，故使用每小時的能量累計值 W（瓦特）標示。相對的鑽孔時則使用以單一脈衝為單位的高精準度能量，故使用代表單一脈衝能量的 J（焦耳）標示。

❶ 在切割、焊接、熱處理中，代表雷射輸出的參數。

　　此類加工如**圖** 3-2-2 所示般，相對於脈衝輸出能以無數功率週期與頻率的組合進行設定，CW 輸出可說是只有 1 個功率週期 100% 的脈衝輸出。

- 功率週期（%）：代表光束開啟時間在 1 個脈衝時間中佔有的比例。
- 頻率（Hz）：1 秒間的脈衝次數，在鋼板加工中通常以 10～3,000Hz 的範圍使用。低速時需設定低頻率，高速時須設定高頻率。
- 平均輸出（W）：將脈衝振盪的輸出顯示成每單位時間的平均值。
- 峰值輸出（W）：單一脈衝的最大輸出，一般使用平均輸出與功率週期的關係計算。在峰值輸出的 Pp、平均輸出的 Pa、功率週期的 D 之間，成立 Pp＝Pa/D 的關係。圖中為脈衝的平均輸出 600W、功率週期 20%、頻率 100Hz 與 CW 輸出 600W 之間的關係。

❷ 在鑽孔中代表雷射輸出的參數。

　　鑽孔時由時僅需 1 發脈衝即完成加工，有時則須變更加工條件照射多發脈衝。故如**圖** 3-2-3 所示般，以 1 個脈衝的輸出能量大小、脈衝寬度、以及脈衝的照射次數作為加工條件。

- 脈衝寬度（s）：代表以 1 個脈衝照射雷射光的時間。
- 脈衝能量（J）：以 1 個脈衝的峰值輸出 Pp 與脈衝寬度 t 的積求出。
- 脈衝數（次）：脈衝的照射次數，又名射擊發數。在讓各脈衝的能量改變的範例中，模式 a 使用於存在高反射率表面銅箔的工件加工用途中，模式 b 則使用於需調整孔錐度的工件加工用途中。

圖3-2-1　雷射光的輸出型態

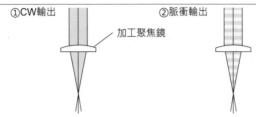

①CW輸出　　②脈衝輸出

加工聚焦鏡

圖3-2-2　表示切割、焊接、熱處理中的輸出能量參數

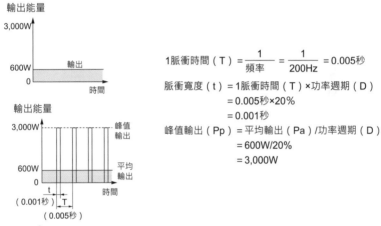

輸出能量

3,000W

600W　輸出

0　時間

輸出能量

3,000W　　峰值輸出

600W　　平均輸出

0　時間

t（0.001秒）｜T｜

（0.005秒）

$$1脈衝時間（T）= \frac{1}{頻率} = \frac{1}{200Hz} = 0.005秒$$

脈衝寬度（t）= 1脈衝時間（T）×功率週期（D）
　　　　　　 = 0.005秒×20%
　　　　　　 = 0.001秒

峰值輸出（Pp）= 平均輸出（Pa）/功率週期（D）
　　　　　　 = 600W/20%
　　　　　　 = 3,000W

圖3-2-3　表示鑽孔中輸出能量的參數

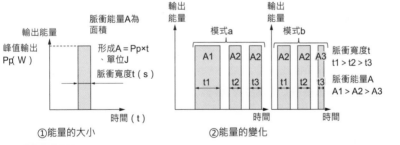

輸出能量

峰值輸出
Pp（W）

脈衝能量A為面積

形成A = Pp×t、單位J

脈衝寬度t（s）

時間（t）

①能量的大小

輸出能量　　輸出能量

模式a　　模式b

A1　A2　A2　　A2　A2　A3

t1　t2　t3　　t1　t2　t3

時間　　時間

脈衝寬度t
t1 > t2 > t3

脈衝能量A
A1 > A2 > A3

②能量的變化

要點｜筆記

即使為同一脈衝的輸出，但以每單位時間的量標示投入能量時，使用W（瓦特）為單位，以單一脈衝的量標示投入能量時，則以J（焦耳）作為單位。
在1秒內產生1 J所需的電力即為W。亦即兩者間存在W = J/sec的關係。

切割時的加工能量與加工能力

進行雷射切割時，切割板厚與切割速度的能力，取決於讓工件熔化的能量大小。而此讓工件熔化的能量，不僅會受到照射的雷射輸出影響，亦會受到對工件的雷射光吸收特性及氧化反應熱影響。

❶ 加工板厚與雷射輸出的關係

表 3-2-1 為 CO_2 雷射與光纖雷射的振盪器輸出對應的最大加工板厚，加工的板厚越厚時，需要的振盪器輸出越大。儘管切割黑鐵時，利用的是將氧氣作為輔助氣體所產生的氧化反應熱，但切割不銹鋼時，通常會選擇使用氮氣的無氧化切割。

❷ 加工速度與雷射輸出的關係

圖 3-2-4 為使用光纖雷射切割黑鐵與不鏽鋼時，板厚與切割速度之間的關係。振盪器輸出使用 2kW、4kW、以及 6kW 的 3 種輸出，切割速度則是以使用 2kW 振盪器切割 1 mm 板厚的速度，作為其基準值時的相對值標示。在該圖①切割黑鐵的情況中，所有板厚因振盪器輸出的差異產生的切割速度落差非常微小，幾乎所有振盪器皆能以大致相同的速度進行切割。

在該圖②切割不鏽鋼的情況中，儘管切割 1 mm 至 6 mm 的薄板時，利用高輸出振盪器可獲得較快的切割速度，但在 12 mm 的薄板時，其差異量卻變小。

❸ 輔助雷射輸出提升切割能力的要素

圖 3-2-5 為使用氧氣作為輔助氣體切割黑鐵時，氧化反應熱之作用。黑由於在黑鐵的切割部位，利用形成氧化鐵（FeO、Fe_2O_3、Fe_3O_4）時產生的氧化反應熱提高了切割能力，故不論振盪器的輸出多寡，切割速度皆大致相同。

圖 3-2-6 為在 A～E 的各種金屬上，雷射光波長與工件材質反射率之間的關係。在波長為 10,600nm 的 CO_2 雷射與波長為 1,070nm 的光纖雷射之間，以反射率較低之光纖雷射的光吸收力較高，能在進行無氧化切割

時，提升高速切割性能。此外由於熔化工件的能力亦會受到聚光點部位的能量密度大幅影響，故以具有高聚光特性的光纖加工機較為有利。

表3-2-1 | 加工板厚和振盪器輸出的關係

振盪器輸出	黑鐵	不鏽鋼
2kW	16mm	6mm
3kW	19mm	8mm
4kW	25mm	12mm
6kW	25mm	20mm
8kW	25mm	25mm

圖3-2-4 | 光纖雷射切割速度的比較

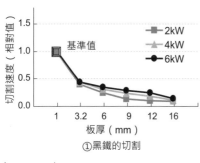

①黑鐵的切割

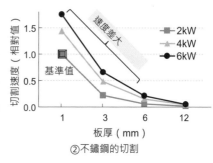

②不鏽鋼的切割

圖3-2-5 | 氧化反應熱的利用

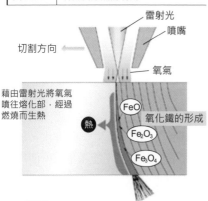

雷射光
噴嘴
切割方向
氧氣
藉由雷射光將氧氣噴往熔化部，經過燃燒而生熱
FeO
氧化鐵的形成
熱
Fe₂O₃
Fe₃O₄

圖3-2-6 | 雷射光和反射率

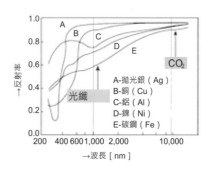

A-拋光銀（Ag）
B-銅（Cu）
C-鋁（Al）
D-鎳（Ni）
E-碳鋼（Fe）

要點 筆記

儘管雷射輸出越大時，切割能力亦會隨之提升，但切割會產生氧化反應的黑鐵時，會使用氧氣進一步提升切割能力。在使用不會氧化的氮氣進行的切割中，低反射率的雷射波長與高聚光特性，亦能讓切割速度提升。

焊接與熱處理（焠火）時的加工能量與加工能力

進行雷射焊接時，熔化深度與焊接速度的能力，取決於讓工件熔化的能量大小。雷射焠火基本上亦是由能量大小決定焠火深度，但必須防止發生表面熔化。

❶ 焊接特性與雷射輸出的關係

圖 3-2-7 為在焊接速度固定維持 3 m/min 不變的情況下，分別以 1.5kW、2kW、2.5kW 的雷射輸出焊接後的 SUS304 熔化深度，呈現輸出越大時，熔化深度越深的趨勢。此外聚光點徑能縮得越小的短焦鏡，越能提升聚光部位的能量密度，故可讓低輸出焊接時的熔化深度更深。

圖 3-2-8 為在輸出相對較大的 5kW 下，加工鏡片的焦距分別為 f5" 與 f10" 時的焊接特性。在焊接速度低於 4 m/min 的低速區域中，使用屬於長焦點之 f10" 加工聚焦鏡時的熔化深度變深，在焊接速度高於 5 m/min 的高速區域中，則是使用屬於短焦點之 f5" 加工聚焦鏡時的熔化深度變深。原因為在高輸出的焊接中，低速區的焊接較易形成小開孔，因此能深入熔化，高速區則是聚光點部位的高能量密度，比容易形成小開孔的情況更能提升熔化能力。

❷ 焠火特性與雷射輸出的關係

圖 3-2-9 為以 3kW 輸出對 SK3 的工件照射 10×10 之聚光光束進行焠火時，其硬度與焠火深度的關係。當加工速度越慢，加工能量越大時，焠火深度越深。但在加工速度為 0.2 m/min 時，工件將發生表面熔化，導致表面硬度下降。位於雷射光照射部位的每單位面積加工能量 E，可使用輸出 P 與光束寬度 W、加工速度 V，記載為以下公式。

$$E = \frac{P}{W \times V}$$

圖 3-2-10 為以 2~4kW 的輸出與 0.3~2.0 m/min 的加工速度，對 S50C 的工件進行焠火後的加工能量與焠火深度間關係。圖中顯示加工能量與焠

火深度之間，呈現幾乎正比的關係，但當發生表面熔化時，吸收率將會增加，焠火深度將會加深。

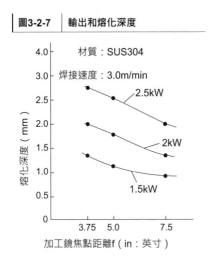

圖3-2-7｜輸出和熔化深度

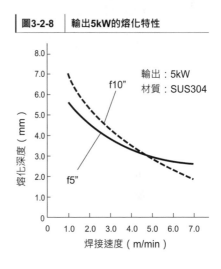

圖3-2-8｜輸出5kW的熔化特性

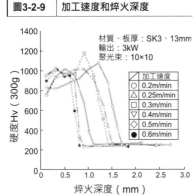

圖3-2-9｜加工速度和焠火深度

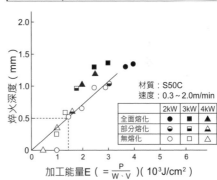

圖3-2-10｜加工能量和焠火深度

要點｜筆記

提升焊接能力的方式除了高輸出化外，在薄板高速焊接中提高聚光點的能量密度，以及在深入熔化焊接中能引導小孔成長的雷射光特性，亦非常重要。並外進行焠火時，需注意防止表面熔化。

鑽孔時的加工能量與加工能力

對於鑽孔特性，亦須依據加工材料的去除量，將加工能量最佳化。去除所需能量取決於工件的厚度與材質，加工的孔徑，以及有無表面銅箔。在鑽孔加工時，亦須考慮加工品質，將加工能量的投入方法最佳化。

❶ 鑽孔的加工條件參數

表 3-2-2 為主要加工條件參數。照射的雷射光基本上採用脈衝條件，設定單一脈衝的能量、脈衝寬度、脈衝的射擊數作為條件，但使用於各孔的能量，為單一脈衝之能量與射擊發數相乘後的總能量。此外亦會控制決定聚光部位光點徑的光罩直徑。

❷ 樹脂種類與加工能量

表 3-2-3 為對於厚度大致相同的不同種類樹脂，以 CO_2 雷射進行孔徑 100μm 的加工時，各孔的加工使用總能量比較情況。設定條件時，需考慮讓工件熔化與蒸發所需的能量，以及能讓加工品質提升的分次照射能量方式。

❸ 工件厚度、孔徑、以及加工能量

圖 3-2-11 為環氧樹脂的厚度與各種加工孔徑所需之總能量間的關係。加工能量會隨著由工件厚度×開孔面積得出的去除量而增加，以接近等比的方式增加。此加工能量雖會以脈衝條件照射，但並非採用單純將能量平均分割而成的脈衝，而是會在過程中不斷調整各脈衝的能量與脈衝寬度，將加工品質最佳化。

此外針對量產加工用尋求加工條件的基本概念，為確認加工條件容許量，將該範圍的中間值設為最佳化數值。在圖 3-2-12 的範例中，針對已決定條件的基準條件，加入減少與增加能量的變化，實施由①至⑤所示的加工品質優劣判定。其中○代表加工品質良好，×代表加工品質不良，並且必須將條件設為○的範圍中央。在此範例中，基於①、②、④的評估內容，必須將條件修正為讓能量較基準條件增加。

表3-2-2	鑽孔條件參數
1脈衝能量（mJ）	
脈衝寬度（μs）	
射擊數	
總能量（mJ）	
光束直徑控制的光罩直徑（mm）	

表3-2-3	樹脂種類和加工的總能量		
樹脂的種類	厚度 （μm）	孔徑 （μm）	總能量 （mJ）
環氧樹脂類	50	100	4.5
玻纖環氧樹脂類	60	100	10.0
聚醯亞胺類	40	100	3.0

圖3-2-11　鑽孔加工所需能量

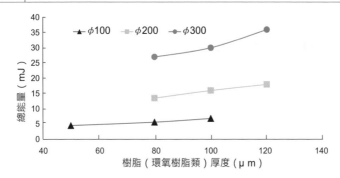

圖3-2-12　加工能量最佳化

加工條件餘量	能量減少 ←		基準 條件	能量增加 →
①孔徑變化	××× ○○○○○○○○ ×			
②表面狀態變化	××× ○○○○○○○○ ×			
③內層銅箔損傷	○○○○○○○○○○○ ×			
④鑽孔壁面狀態	××× ○○○○○○○○ ×			
⑤樹脂殘留	×××× ○○○○○○○			

○：良好　×：不良　　　　　　　　　條件修正

要點｜筆記

鑽孔的加工條件，基本上需配合對象材料與孔徑，設定脈衝之能量。
並且為了將更多加工品質最佳化，需確認能提升各加工品質的加工條件
容許量，將加工條件定在容許量中間值。

切割時的輸出型態最佳化

　　希望將切割速度提升至高速時，必須連續以高輸出對工件投入照射能量。故基本上須設為能以連續振盪獲得此能量的 CW 輸出。但在會因溫度過度上升造成加工品質下降的加工部位，則需使用較容易對投入之輸入能量進行調整的脈衝輸出。

❶ 熔損之發生

　　切割厚黑鐵板時會如圖 3-2-13 所示般，容易於加工形狀的邊緣部位與末端部位產生熔損。原因在於使用氧氣作為輔助氣體切割黑鐵時，因加工部位產生氧化反應熱，經由其熱傳導造成高溫狀態的區域擴大所致。相對的在使用氮氣或空氣作為輔助氣體的切割中，雖因為不會產生氧化反應熱而不會發生熔損，但厚板的加工能力卻會下降。

　　該圖①為邊緣部位的熔損，其發生原因為熱能被封閉在以小角度圍成的區域中，能散發的範圍受到限制，造成邊緣前端的溫度過度上升所致。該圖②則為末端部位的熔損，其發生原因為當雷射光接近末端部位時，因事先已形成的切割溝槽而陷入斷熱狀態中，導致光束周圍的溫度過度上升所致。

　　以高速切割薄板時，由於能以避免此類加工部分的溫度過度上升的方式進行切割，故不會發生熔損。原因在於其切割速度，較熱能在工件內部傳導所造成的溫度上升速度更快。

❷ 切換加工條件

　　欲對厚黑鐵板切割出圖 3-2-14 所示的形狀時，必須先以 CW 輸出高速切割不會產生熔損的直線與曲線部分後，再切換條件，改以脈衝輸出低速切割邊緣部位與末端部位。使用 NC 具備的自動設定加工條件功能時，由於可自動辨識末端部位與邊緣部位，依據預先設定的距離切換加工條件，故只需簡單的操作即可進行切割。利用自動設定加工條件功能進行切割的結果，如圖 3-2-15 所示。

　　脈衝輸出除了被活用於防止熔損外，亦被使用於穿孔、刻印、高反射材料的加工條件中。其目的皆為在抑制輸入工件內之熱能的情況下，短時間內提高熔化能力。

圖3-2-13　發生熔損

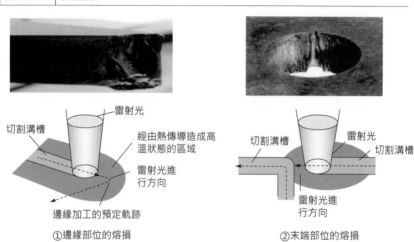

①邊緣部位的熔損　　　　　　　　②末端部位的熔損

圖3-2-14　切割條件的切換

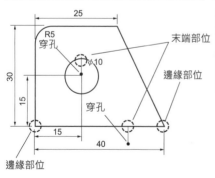

圖3-2-15　防止熔損

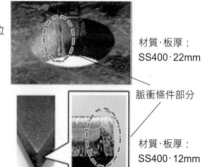

材質‧板厚：
SS400‧22mm

脈衝條件部分

材質‧板厚：
SS400‧12mm

要點　筆記

切割厚黑鐵板時，輸出型態對加工品質的影響非常顯著。
加工形狀中會因溫度上升產生熔損的部位，須設定低頻率的脈衝，
其他部分則須設定切換為CW或高頻率脈衝條件的加工條件。

焊接、熱處理（焠火）時的輸出型態最佳化

　　在焊接中，脈衝輸出被用於要求發揮高峰值輸出的效果，減少熱影響的用途，CW 輸出則被用於要求高速度與重視外觀，不希望熔化作用出現切割痕跡的用途。熱處理（焠火）則是在低輸出的加工中，有脈衝輸出的硬度較 CW 輸出上升，且硬化深度亦較深的趨勢。

❶ 焊接中的比較

　　圖 3-2-16 為在上方工件與下方工件形成的搭接部位，脈衝焊接與 CW 焊接的比較情況。圖中的焊接斷面與焊接表面的照片，為使用相同設定輸出的加工結果。

　　脈衝焊接的熔化斷面寬度較 CW 焊接的焊接斷面窄，且熱影響的範圍亦較小。但如同該圖所示般，以脈衝振盪出的雷射光會產生間歇性的熔化，在焊接表面上留下間歇性的熔化痕跡，造成表面品質不良。此外對於要求高密閉度的密封焊接，必須以能讓其熔化範圍充分持續重疊的方式進行焊接。

　　相對的 CW 焊接屬於連續熔化方式，故不論是焊接表面或熔化深度，皆大致能平均的形成。然而其焊接寬度較脈衝焊接的寬度大，且熱影響的範圍亦較大。

　　圖 3-2-17 係為了抑制焊接應變產生，使用脈衝振盪進行點焊的範例。除此之外，脈衝焊接亦被使用於焊接部位容易發生焊穿的超薄板焊接與細微焊接中。圖 3-2-18 為使用 CW 振盪焊接積層零件側面的範例，除了焊接強度外，亦符合密封焊接的要求規格。

❷ 熱處理（焠火）中的比較

　　雷射焠火係利用工件表面吸收雷射光所產生的熱能，讓金屬組織變化與硬化。當輸出越低時，脈衝輸出與 CW 輸出對加工品質的影響更加明顯，如圖 3-2-19 可看出，脈衝輸出製造出的硬化層較大。由於雷射焠火係利用朝工件內部進行的自我冷卻硬化，故硬化層交界處的冷卻速度較硬

化層內部快，硬度也較高。此外在感應焠火會產生的不完全焠火層，在雷射焠火中幾乎完全不會產生。

圖3-2-16　輸出型態和焊接品質

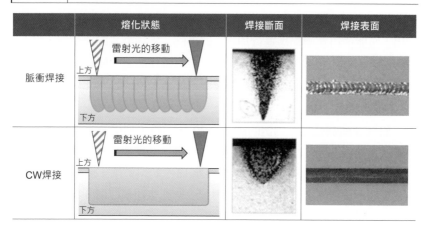

	熔化狀態	焊接斷面	焊接表面
脈衝焊接			
CW焊接			

圖3-2-17　藉由脈衝振盪進行焊接

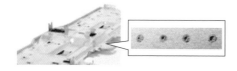

圖3-2-18　藉由CW振盪進行焊接

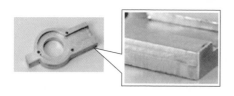

圖3-2-19　輸出型態和焠火性能

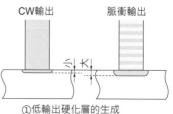

①低輸出硬化層的生成

②硬化層斷面（S45C）

要點 **筆記**

在雷射焊接與焠火中，將脈衝輸出使用於以低輸出條件提高加工能力的用途，以及抑制雷射光反射作用的用途。對於希望讓加工面平滑的用途與高速加工的用途，則使用CW輸出。

鑽孔時的輸出型態最佳化

由於在鑽孔中需以高精準度控制各單一脈衝的能量，故無法使用 CW 輸出，僅能使用脈衝輸出進行加工。此外除了脈衝能量的控制外，脈衝照射的模式亦會大幅影響加工特性。以下說明鑽孔加工中最普遍的兩種照射模式。

❶ 連續式脈衝（Burst pulse）

如以 3 個開孔加工為例的**圖 3-2-20** 所示般，利用連續照射 3 個脈衝的方式，提供各開孔加工所需總能量的脈衝，即為連續式脈衝。照射模式（該圖①）以對第一個孔連續照射 3 次（1、2、3）後，接著對第 2 個孔也連續照射 3 次（4、5、6），最後對第 3 個孔也連續照射 3 次（7、8、9）的方式，進行加工。

這類模式由於脈衝與脈衝之間的射擊間隔較短，因此會造成加工部位維持在高溫狀態，導致熱影響增加，或出現雷射光照射部位產生的電漿與分解產物妨礙雷射照射的現象（該圖②）。結果可能會讓孔壁面的品質與孔形狀的精度下降。

負責執行脈衝照射定位的高速掃描振鏡擺動次數（該圖③），在 3 孔加工的情況下只需執行 2 次（a、b）即可，故能縮短加工時間，提高生產性。

❷ 循環式脈衝（Cycle pulse）

圖 3-2-21 所示的循環式脈衝，每次皆分別對不同開孔照射脈衝，並重複執行 3 次，直到到達各孔加工所需的總能量為止。照射模式（該圖①）以依照第 1 孔、第 2 孔、第 3 孔的順序，分別對各孔照射第 1 發雷射的模式（1、2、3）進行照射。結束照射後將回到第 1 孔，並以相同模式（4、5、6）照射第 2 發雷射，並於結束後再以相同模式（7、8、9）照射第 3 發雷射。

此類模式由於脈衝與脈衝之間的射擊間隔較長，加工中產生的熱量將會冷卻。且加工部位產生的電漿與分解產物亦會衰減，故第 2 次以後的脈衝照射能有效的被使用於加工中（該圖②）。

結果使得開孔壁面與開孔形狀精度的加工品質提升。但負責執行脈衝照射定位的高速掃描振鏡擺動次數（該圖③），將增加至 8 次（a、b、c、d、e、f、g、h），因此會導致加工時間拉長，生產性下降。

| 圖3-2-20 | 連續式(Burst)脈衝 | 圖3-2-21 | 循環式(Cycle)脈衝 |

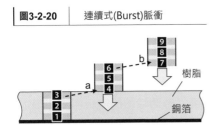
①照射模式

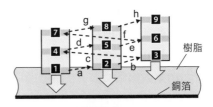
①照射模式

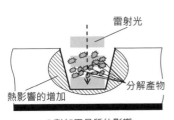
②對加工品質的影響

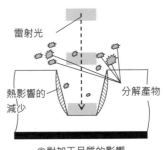
②對加工品質的影響

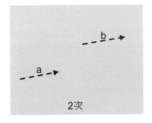
③高速掃描振鏡工作次數

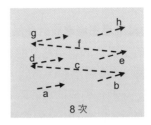
③高速掃描振鏡工作次數

要點｜筆記

鑽孔時的輸出型態僅能使用脈衝輸出。脈衝照射的模式分為連續式脈衝與循環式脈衝兩種，需依據加工目的重視加工品質或生產性分別運用。

切割面的錐度

　　由於進行雷射切割時，切割溝槽的上方寬度與下方寬度會產生差異，因此將導致工件的切割面出現錐度（圖 3-3-1）。儘管錐度大小亦會因雷射振盪器的種類而改變，但在板厚 9 mm 的黑鐵上，上方與下方的溝槽寬度會產生約 0.1～0.2 mm 的差異。此外切割不鏽鋼時，為防止反面產生熔渣，會藉由擴大錐度的方式，讓通過切割溝槽之輔助氣體的流量與流速增加。

❶ 已考慮錐度的程式

　　鈑金零件的圖面上指定的尺寸通常如圖 3-3-2 所示般，以鈑金無錐度為前提，將工件板厚的上方與下方標示為相同尺寸。未認知到會發生錐度的現象，將工件上方的加工尺寸調整為與圖面的指定尺寸一致時，將出現工件下方切割後的外觀尺寸較指定值尺寸大，加工產品超出圖面指定規格的情況。故加工作業人員需利用程式修正加工軌跡，並以注意設定補償值的方式進行加工。

　　此外若加工零件如圖 3-3-3 所示般，要求具備嵌合構造時，不單只有孔徑較大的上方直徑 A，連孔徑較窄，負責阻擋插入零件通過用的下方直徑 B，亦需以指定尺寸加工。因此設計人員指示圖面時，可如圖 3-3-4 所示般，在設計圖面中註記上方 A 會產生熔化量，下方 B 為加工時的指定尺寸。

❷ 利用錐度產生現象設計產品

　　目前業界會活用這種雷射切割面上產生的錐度，具有極佳重現性的特徵，以圖 3-3-5 所示般的方式，利用其錐度設計產品[3]。通常將機械加工零件固定在鈑金製成的機殼時，需透過固定用的機械加工零件進行固定。但在該圖所示的範例中，屬於機械加工零件的軸承則是利用雷射切割產生的鈑金機殼錐度，直接進行固定。故不須再準備傳統作法所需要，加工出固定軸承用錐度的機械加工零件，並且可省略其安裝作業，因此能進一步創造出裝置輕量化、節省成本、縮短交期的效果。

圖3-3-1 ｜ 雷射切割面的錐度

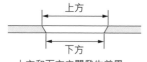

上方

下方

上方和下方之間發生差異

圖3-3-2 ｜ 一般的尺寸指定

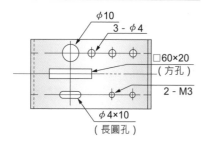

ϕ10

3 - ϕ4

□60×20
（方孔）

2 - M3

ϕ4×10
（長圓孔）

圖3-3-3 ｜ 指定直徑

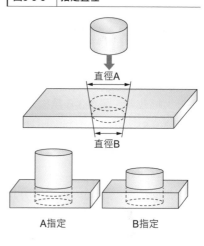

直徑A

直徑B

A指定　　　　B指定

圖3-3-4 ｜ 設計圖面的註記

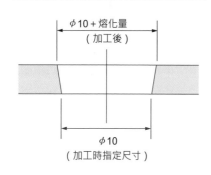

ϕ10 + 熔化量
（加工後）

ϕ10
（加工時指定尺寸）

圖3-3-5 ｜ 利用錐度的固定

軸承

鈑金機殼

固定利用鐵板機殼切割面錐度的軸承

要點 筆記

工件切割溝槽的上方與下方寬度不同，因此會導致切割面產生錐度。
切割面錐度的對邊尺寸會影響加工品規格時，需以考慮錐度形狀的方式，
指定上方尺寸或下方尺寸的精度。

切割面的粗糙度

使用雷射切割後的工件切割面粗糙度，受益於加工技術不斷研發，已獲得大幅改善。圖 3-3-6 為板厚 10 mm 的不鏽鋼（SUS304）與板厚 25 mm 之黑鐵（SS400）的切割面照片。兩種工件上皆殘留著熔化金屬流動的痕跡，此痕跡會影響切割面的粗糙度。

❶ 振盪器的影響

雷射切割機配備的振盪器分為 CO_2 雷射與光纖雷射兩種，兩種振盪器切割出的不鏽鋼切割面粗糙度，存在如圖 3-3-7 所示般的明顯差異。在切割面不會氧化的無氧化切割中，研判因為受到光纖雷射對於金屬材料的吸收特性極高的影響，導致熔化金屬的流動不均。故目前業界正積極研發能在使用光纖雷射切割不鏽鋼厚板時，改善其切割面粗糙度的加工技術。至於工件為薄板的情況，由於其切割面並不會過度粗糙，故並未被納入上述研發範圍內。

相對的使用氧氣作為輔助氣體，伴隨著氧化反應的黑鐵切割，其切割面的粗糙度則不會因為振盪器的種類而出現巨大差異。

❷ 工件表面狀態的影響

在工件表面均勻的吸收雷射光，是讓熔化金屬在切割溝槽內持續順利流動所需的必要要件。圖 3-3-8 為目前流通中的 4 種（A 公司、B 公司、C 公司、D 公司）SS400 之表面狀態。切割這些材料時，A 公司與 B 公司的材料能切割成良好狀態，但 C 公司與 D 公司的材料卻出現切割面粗糙度惡化的情況。

圖 3-3-9 為使用 D 公司的材料切割時的切割面照片。可看出以工件表面為起點，在切割面上產生如刀痕般極深的刻痕缺陷。此現象係因為工件表面存在銹皮（氧化膜）已剝落與未剝落的兩種區域，當雷射光通過這兩種區域的交界處時，雷射光的吸收特性出現變化所致。結果造成工件的熔化狀態無法連貫，熔化金屬的流動不均。C 公司的材料雖無銹皮剝落的情況，但銹皮上已產生裂痕，此部分在切割過程中分離，造成與 D 公司的材料相同的結果[6]。

切割厚黑鐵鋼板時，需注意選擇材料與進行管理，且將切割材料設置於加工台上時，需注意選擇正反面。

圖3-3-6 雷射切割面

不鏽鋼 10mm	黑鐵 25mm

圖3-3-7 透過振盪器進行切割的比較

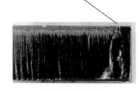

光纖雷射	CO_2 雷射

材質・板厚：SUS304・10mm

圖3-3-8 黑鐵(SS400)的表面狀態

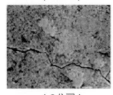

（A公司）　　　　　（B公司）

（C公司）　　　　　（D公司）

圖3-3-9 切口的形成狀態

切口：部分切割面出現大切口般的損傷

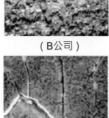

從工件表面發生切口

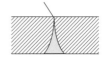

要點 | **筆記**

雷射切割面粗糙度代表熔化金屬在切割溝槽內流動的痕跡。
左右此熔化金屬流動方式的因素，包含雷射光對工件的吸收特性，
以及在切割溝槽內流動的輔助氣體特性等。

切割部位的熱影響

進行雷射加工時，切割面會暴露在工件的熔點溫度中，並在熔化金屬由切割溝槽排出後快速冷卻（自我冷卻）。故切割面的表層與周圍會受到熱影響，因而硬化或氧化。此熱影響可能會對後續工程的加工造成不良影響，必須多加注意。

❶ 硬化層之產生

部分鋼材會出現切割面已形成淬火狀態的情況，可能無法對雷射切割部位進行攻牙與鉸孔等追加加工。此外切割部位進行彎曲加工後，亦可能會產生裂痕（龜裂）。切割面的淬火硬度取決於材料的含碳量，如 SK、SKD、S45C、SKS 等材料，會轉變為完全淬火的狀態。

圖 3-3-10 為使用雷射切割板厚 6 mm 的 SS400 與 SK3，並由切割面側面對板厚中央部位測量硬度的結果。可看出 SS400 幾乎完全未硬化，但 SK3 則是在切割面附近測出約 800Hv 的硬度，在接近 0.15 mm 的內部中，更是幾乎完全達到母材的硬度。圖 3-3-11 為 SK3 的切割溝槽斷面，以及在板厚的上方 Hu、中央 Hm、下方 Hd 的硬化層（200Hv 以上）寬度。硬化層以幾近均勻的方式產生在切割溝槽的左右側，並由板厚上方朝下方逐漸增加。這是因熔化金屬的液體由上方流往下方，且高溫的熔化金屬在下方的停留時間較長，導致硬化層的寬度變大。

❷ 氧化皮膜的產生

使用氧氣作為輔助氣體時，切割面會氧化並形成氧化皮膜，但如改用氮氣時，將變為可防止氧化作用的無氧化切割。無氧化切割面具有可直接焊接，可進行塗裝，以及耐蝕性極強等優點。圖 3-3-12 為使用各種輔助氣體進行雷射切割後的 SUS304 鹽水噴霧試驗結果。可看出使用氧氣與空氣，發生氧化的切割面上產生鐵鏽，但使用氮氣的無氧化切割斷面上，則未產生鐵鏽。此外對使用氧氣切割後的黑鐵材料工件進行塗裝時，將發生如圖 3-3-13 所示般，氧化皮膜與塗裝一起剝落的情況。其排除方式為在塗裝的前一個工程中，將產生的氧化皮膜去除，或是改用不會產生氧化皮膜的輔助氣體進行切割。

圖3-3-10　雷射切割面的硬度

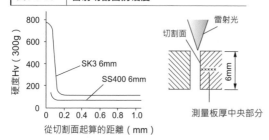

圖3-3-11　從切割面起算的硬化層寬度

材質・板厚：SK3・6mm

圖3-3-12　切割面的評估

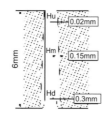

產生鏽	產生鏽	未產生鏽
輔助氣體	輔助氣體	輔助氣體
氧氣	空氣	氮氣

材質・板厚：SUS304・3mm

鹽水噴霧試驗：5%Nacl
　　　　試驗溫度　36℃
　　　　試驗期間　1週

圖3-3-13　塗裝剝落

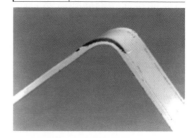

材質・板厚：spcc・2.3mm

要點 **筆記**

因雷射切割部位的熱影響而須注意的現象，包含產生硬化層與產生氧化層
這兩種情況。硬化層為完全焠火的狀態，氧化層則與氧化皮膜的產生有關，
故分別可能對後續的加工造成不良影響。

熔渣之產生

在雷射切割中，熔化金屬附著在工件的加工部位背面形成的熔渣，其成因會因加工對象的材質與板厚而異。

❶ 軟鋼

使用氧氣進行的黑鐵切割加工，只要加工條件適當，幾乎不會產生熔渣。切割厚板時，若加工部位的氧氣純度或能量密度偏離適當值，即會產生熔渣（**圖** 3-3-14）。該圖爲由切割部位下方觀察到的情況，可看出當產生熔渣時，熔化金屬的排出情況（火花）即變爲不均。在使用空氣或氮氣進行的切割中，由於條件的容許範圍非常狹小，故極容易產生熔渣。

❷ 鍍鋅鋼板

鍍鋅鋼板較一般軟鋼材料容易產生熔渣，且有電鍍附著量越多或板厚越厚時，熔渣量亦隨之增加的趨勢。SECC 與 SGCC 等薄板，可藉由使用氮氣或空氣作爲輔助氣體，並以高壓的輔助氣體進行切割的方式，減少熔渣量。

對含鋅量較高的底漆材料進行之加工，必須採用分成去除表面塗膜與切割工件的兩次切割工法。原因在於只進行一次切割時，加工中產生的鋅蒸氣將導致氧氣濃度下降，造成熔渣產生（**圖** 3-3-15）。

❸ 不鏽鋼

使用氧氣切割不銹鋼時，熔渣較易附著，而在使用氮氣進行的無氧化切割中，熔渣則較不易附著。**圖** 3-3-16 爲在 30 mm 板厚的切割中，於氣壓不足的條件下獲得的加工結果。由於避免產生熔渣的加工原理爲設法讓熔化金屬順利由切割溝槽內排出，故當板厚越厚時，越需注意避免氣壓下降。

❹ 鋁

切割鋁時，熔渣量會隨著板厚增加而上升，如希望減少熔渣，必須採用高壓氣體規格。**圖** 3-3-17 爲在板厚 3 mm、4 mm、5 mm、6 mm 的雷射切割中，加工氣壓與熔渣最大高度 h 之間的關係。在所有板厚中，熔渣高度皆隨著加工氣壓增高而減少。

圖3-3-14 鋼切割的熔渣

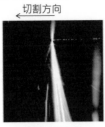 

①熔融狀態良好　　②熔融狀態不良

圖3-3-15 鍍鋅鋼板的熔渣

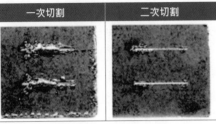

一次切割　　二次切割

材質・板厚：SS400・9mm

圖3-3-16 不鏽鋼的熔渣

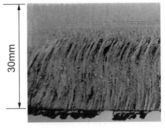

材質・板厚：SUS304・30mm

圖3-3-17 鋁切割的熔渣高度

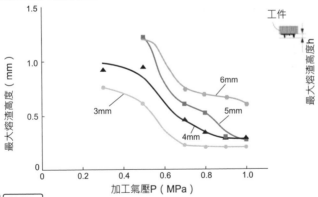

要點 筆記

熔化金屬附著在工件背面形成的熔渣，其產生狀態會因加工對象而異。
由於事後去除熔渣所產生的負荷，會造成生產性下降，故被要求採取
藉由分析原因，避免熔渣產生的對策。

過度燃燒（Burning）（自燃 Self Burning）之發生

　　過度燃燒（自燃）發生於以氧氣作為輔助氣體，會引發氧化燃燒的黑鐵切割作業中。在黑鐵的無氧化切割與空氣切割，以及不會發生氧化燃燒的不鏽鋼與鋁的切割方式中，不會產生過度燃燒。

❶ 何謂過度燃燒

　　在雷射切割的切割溝槽中，被雷射光與氧化燃燒熔化後的高溫金屬，會如圖 3-3-18 所示般，由工件中排出並成形。此高溫的熔化金屬擁有的熱能會釋出至工件中並遭到冷卻，導致燃燒反應停止，其停止的位置則變為切割溝槽寬度。但若此燃燒反應並未停止，擴大至超過切割溝槽寬度的範圍時，則會因異常燃燒引發過度燃燒（圖 3-3-19）。

❷ 過度燃燒的發生事例

　　以下介紹過度燃燒的發生原因中，最有特徵的 3 種模式。

(1)　雷射光的影響

　　雷射光雖會被工件表面吸收產生熱能，但當雷射光的強度分布不均時，切割溝槽內的燃燒也會隨之變得不均。例如當光學零件髒污引發熱透鏡效應時，將如圖 3-3-20 所示般，讓雷射光強度分布的底層部分變得更加不均，而強度分布不均側的切割溝槽上方，將被過度加熱至超過停止燃燒所需的溫度。故切割部位將如圖 3-3-21 所示般，變得非常粗糙。當此強度分布不均的情況更加嚴重時，即會發生過度燃燒。

(2)　加工形狀的影響

　　若工件的形狀能讓切割產生的熱能釋出的位置較少時，將陷入高溫狀態，變得容易發生過度燃燒。在圖 3-3-22 的範例中，由於邊緣前端的內側造成熱能釋出的範圍縮小，因而引發熱集中。當邊緣的角度越小，且工件的板厚越厚時，越容易發生過度燃燒。

(3)　工件溫度的影響

在以極窄間隔切割大量小尺寸形狀的切割中，將如**圖** 3-3-23 所示般，造成工件溫度上升引發過度燃燒。此時同樣爲工件的間隔越窄，且板厚越厚時，越容易受到影響。

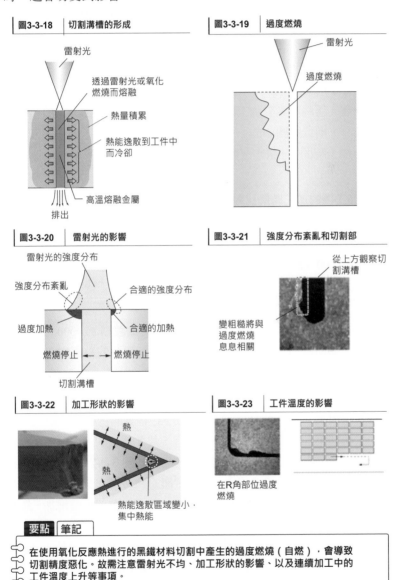

圖3-3-18　切割溝槽的形成

雷射光

透過雷射光或氧化燃燒而熔融

熱量積累

熱能逸散到工件中而冷卻

高溫熔融金屬
排出

圖3-3-19　過度燃燒

雷射光

過度燃燒

圖3-3-20　雷射光的影響

雷射光的強度分布

強度分布紊亂　　合適的強度分布

過度加熱　　　　合適的加熱

燃燒停止　←→　燃燒停止

切割溝槽

圖3-3-21　強度分布紊亂和切割部

從上方觀察切割溝槽

變粗糙將與過度燃燒息息相關

圖3-3-22　加工形狀的影響

熱

熱

熱能逸散區域變小，集中熱能

圖3-3-23　工件溫度的影響

在R角部位過度燃燒

要點　**筆記**

在使用氧化反應熱進行的黑鐵材料切割中產生的過度燃燒（自燃），會導致切割精度惡化。故需注意雷射光不均、加工形狀的影響、以及連續加工中的工件溫度上升等事項。

縮短加工時間

　　加工時間往往被誤以為完全取決於加工速度，只要設為高速條件就能縮短時間，但其實另有許多因素皆與其有關。

❶ 能左右加工時間的因素

　　圖 3-3-24 為在薄板與厚板的切割中，決定加工時間的因素及其影響度的示意圖。這些要素對加工時間的影響程度，在薄板部分大致相同，但在厚板部分，則以該圖中的 a.加工速度與 c.穿孔時間的影響程度較大。當嘗試縮短加工時間時，請牢記將分析此類原因的工作納入檢討項目的候補名單中。

❷ 不同加工機的加工時間比較

　　圖 3-3-25 為使用 4 種加工機（A、B、C、D）在板厚 1 mm 的不鏽鋼上，切割出周長 2019 mm 之形狀時的加工時間比較情況。加工速度皆設為相同的 F8000（8 m/min），其他條件則使用各加工機的標準加工條件。加工時間最短的為加工機 D 的 53 秒，最長的則為加工機 A 的 107 秒，代表受到加工速度以外的其他因素影響。

　　另外加工機 E 的 47 秒，為將加工機 D 的速度設為 F20000（20 m/min）時的結果。即使將加工速度設為 2.5 倍，也未能等效的縮短加工時間，代表加工速度、仿型、以及其他等因素，皆會造成影響。

❸ 其他因素

　　在其他因素（圖 3-3-24、e.）中，以 NC 程式的內容影響最大。由於開始加工與結束加工時，需進行許多工程，故此部分的 NC 程式亦會變得非常複雜。為了將此複雜程式簡潔化，一般會如圖 3-3-26①所示般，將加工的開始與結束工程設為子程式。子程式雖是將多項作業整合為一，只需叫出一次即可完成所有工作，但由於會導致程式的處理數量增加，故會讓加工時間拉長。

　　希望縮短加工時間時，必須避免使用子程式，改用直接輸入 M 代碼與 G 代碼的方式，並如圖 3-3-26②所示般，採用盡可能排列在 1 個單節中，能同時處理的配置。

圖3-3-24 影響加工時間的主因分析

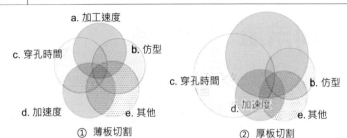

a. 加工速度
b. 仿型
c. 穿孔時間
d. 加速度
e. 其他

① 薄板切割

c. 穿孔時間
b. 仿型
d. 加速度
e. 其他

② 厚板切割

圖3-3-25 加工時間的比較

材質：SUS304
板厚：1mm
周長：2019mm

加工機	A	B	C	D	E
加工速度	F8000	F8000	F8000	F8000	F20000
加工時間	107秒	90秒	81秒	53秒	47秒

圖3-3-26 NC程式的主因

1) 穿孔條件的選擇
2) 仿型啟用
3) 感測器停用
4) 輔助氣體噴射
5) 光束照射
6) 光束停止
7) 高輔助氣體噴射
8) 切割條件的選擇
9) 感測器啟用
10) 高輔助氣體停止
11) 光束照射

加工開始部工程

M76
M86
M102
⇒ M76 M86 M102

1) 光束‧輔助氣體停止
2) 仿型停止

加工結束部工程

G1 X20. Y20.
M109
G0 X200. Y260.
⇒
G1 X20. Y20. M109
G0 X200. Y260.

①加工開始和結束工程

②縮短程式

要點 筆記

欲縮短加工時間時，除了提高加工速度外，另有許多因素也會造成影響。
且此類因素對於縮短加工時間的影響力，會因加工對象而改變。

改善利用率

在板金零件的一般切割作業中，皆如**圖 3-3-27** 所示般，由定尺材的材料切割出零件，但各零件間產生的切割餘料範圍，則成為對產品無幫助的浪費。此外當工件的板厚越厚時，越需空出更大的切割餘料範圍，因而衍生出利用率會隨著板厚增加而惡化的問題。

❶ 共用線切割

圖 3-3-28 為將切割形狀的其中一邊，與其他零件共用的切割方法。由於將兩個零件的加工路徑共用化，形成 1 個切割軌跡，因此不會產生切割餘料範圍。此外雷射切割的路徑長度與沖孔（開始加工孔的開孔）次數皆會減少，故連帶使得加工時間縮短。雖然在曲線形狀中，相鄰的零件間不會產生共用路徑，因此無法使用共用線切割，但在由直線部位構成的形狀中，則會將直線距離較長的一邊作為共用路徑。然而此方法可能會在加工品分離時，出現傾斜並接觸到加工頭的情況。故需事先確認加工程式中的加工順序與加工方向是否適當。

❷ 使用長條形不鏽鋼切割

圖 3-3-29 為使用寬度與欲切割出之零件的寬度相同之長條形不鏽鋼材料，進行加工的方法。藉由將材料寬度與加工零件寬度一致化的方式，不需進行雙面切割，可縮短切割路徑長度。此外由於是由材料的末端部位開始切割，故亦具有減少穿孔次數的效果。此方法須注意的事項，包含必須以高精度定位長條形不鏽鋼與加工零件，以及可能會出現開始加工部位的切割現象不穩定，切割面粗糙度惡化的情況。

❸ 使用排版方式切割

排版為只須對各形狀指定所需數量，就能將圖形排列至規定之材料尺寸內的功能（**圖 3-3-30**）。電腦具有能盡可能提高利用率的功能，例如自動將圖形反轉與旋轉，以及配置於圖形內的非產品部份等。其中一種功能，甚至可做到在由材料切割出之廢棄部分中，進一步配置零件的 Parts in Parts 動作。**圖 3-3-31** 為在廢棄的圓形部分中配置零件，提升利用率的範例。

圖3-3-27 雷射切割的切割餘料

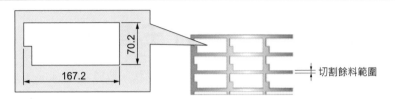

70.2

167.2

切割餘料範圍

圖3-3-28 共通線切割

以共用路徑切割相鄰零件

圖3-3-29 長條形不鏽鋼切割

材料寬

圖3-3-30 使用排版方式切割

YIELD = 79.5%, QTY = 1, WORK SIZE = 500.00x800.00

圖3-3-31 廢料再利用範例

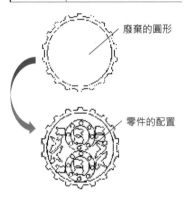

廢棄的圓形

零件的配置

要點 筆記

切割原料價格較高的材料時，提升利用率為生產者的重要主題。
需配合加工對象的材質、板厚、加工形狀，由共用線切割、長條形不銹
鋼切割、排版切割等選項中，選擇最合適的加工法。

利用離線教導提升生產性

對於三次元雷射加工機，需配合工件形狀，教導（Teaching）座標位置，以及包含加工頭之旋轉軸控制在內的位置與姿勢數據。

接著再基於此教導數據補充不足數據，以重現控制進行加工。

❶ 教導作業

傳統的教導方法為對設置在雷射加工機工作台上的工件，中斷加工實施教導，但此方式會造成生產性下降。故為了提高實際加工時間的比率，不斷有廠商引進離線教導方式，作為在離線事前準備中，實施教導的手段。最初研發離線教導時，採用的是在簡易三次元測定器上加裝旋轉頭的構造。但隨著 3D CAD 的性能與功能提升，以及模擬技術的成熟，如今已能在電腦上執行所有作業。

❷ 離線教導

離線教導為在電腦上對加工對象工件的 3D 模型，分配加工路徑製作成 NC 的功能，其作業流程如下（圖 3-3-32）。

① 匯入 3D 模型：使用模具的 CAD 數據（IGES 或 Parasolid 等）。

② 製作加工路徑：以少量的教點判斷外周、開孔、加工順序，產生路徑。

③ 編輯加工路徑：編輯為能避免加工與工件衝突的路徑。

④ 檢查整體路徑：確認加工機的整體動作，確認修正處的細節。

⑤ 製作治具與編輯：亦須適用於貼合工件的治具、局部型支撐治具。

⑥ 產生治具路徑：以 2D 方式將治具數據展開為雷射切割用的零件。

⑦ 產生 NC 數據：分配加工條件，以 3D NC 或 2D NC 數據輸出。

屬於三次元雷射加工機的抽拉成型產品，具有成形後會產生回彈變形，以及會隨著加工進展逐漸產生新變形的特性。故與離線教導數據之間會產生誤差，必須在實際加工時實施數據修正作業，但仍可大幅縮短教導時間。

圖3-3-32 離線教導數據編程

CAD數據

可匯入IGES和
Parasolid等各種3D
模型

①匯入3D模型

極力減少
教示點

一次自動生成路
徑。自動判定外
圓周、孔、深孔
鑽、加工順序

②製作加工路徑

自動去除干涉路
徑。已考量加工
頭前端部的回避

③加工路徑編輯

得以只部分檢查
已修正的部位

可生成整體治具
、部分治具、任
意方向治具等

④檢查整體路徑

⑤製作治具與編輯

雷射切割

⑥產生治具路徑

可生成3DNC、
2DNC數據

⑦產生NC數據

要點 筆記

製作3次元切割的加工程式時，需實施教導加工座標的教導作業。
欲提升生產性時，必須有能減少加工機停止加工時間的教導作業方式，
此方式即為離線教導作業。

工件管理與切割品質

　　雷射加工會因爲工件表面吸收雷射光而產生熱能,故切割品質會受到材料的表面狀態影響。因此雷射切割的工件存放時,必須以較其他加工方法更嚴格的方式管理。

❶ 雷射光的吸收與加工

　　雷射切割現象如圖 3-3-33 所示般,由以下 5 個步驟構成,並且會不斷反覆執行,其步驟分別爲①對材料表面照射雷射光,②因吸收雷射光而產生熔化,③熔化部分因輔助氣體而燃燒,④燃燒進一步朝板厚方向發展,⑤熔化金屬由切割溝槽中排出。工件表面的狀態對於②的雷射光吸收特性具有極大的影響力,當同時有不同的表面狀態存在時,雷射光的吸收量將出現差異,產生的熱量也會隨之變化,因此會造成切割面品質惡化。

❷ 影響切割品質的因素

　　能改變工件表面對雷射光之吸收特性的因素,包含圖 3-3-34 所示的標記、鐵鏽、刮傷、污垢等。雷射切割的加工條件爲針對標準表面狀態設定的內容,但當工件表面存在圖中所示的因素時,產生的熱量將會改變。

　　因此需注意採購無此類表面狀態的工件,且在採購後的工件管理中,亦須避免不穩定因素發生。

❸ 切割品質之惡化

　　圖 3-3-35 爲在同一塊板厚 25 mm 的 SS400 工件上,分別將其 A 面與 B 面翻轉後切割出的結果。A 面已生鏽,且表面鏽皮已有剝落的情況。將此 A 面側作爲雷射光的照射面進行加工時,切割面品質將會惡化。相對的 B 面則呈現鏽皮非常平均的狀態,將此 B 面側作爲照射面時,可獲得良好的切割面。

　　在工件管理上造成表面狀態惡化時,須將表面狀態較良好的面朝上,設置於加工機上。此外無法將工件翻轉時,須採用先以低輸出的雷射光讓不穩定的材料表面切割軌跡熔化,調整爲相同表面狀態後,再進行第二次切割的二次切割法因應。

圖3-3-33 雷射光的吸收和加工

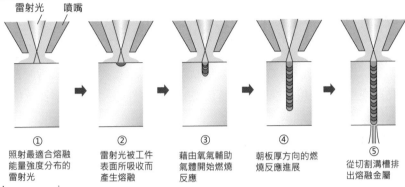

雷射光　噴嘴

① 照射最適合熔融能量強度分布的雷射光

② 雷射光被工件表面所吸收而產生熔融

③ 藉由氧氣輔助氣體開始燃燒反應

④ 朝板厚方向的燃燒反應進展

⑤ 從切割溝槽排出熔融金屬

圖3-3-34 影響工件管理加工品質的主因

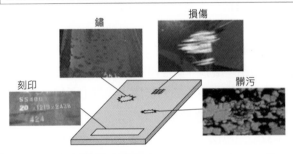

鏽　損傷

刻印　髒污

圖3-3-35 工件表面狀態和切割面品質的關係

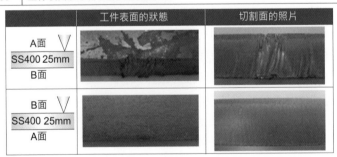

	工件表面的狀態	切割面的照片
A面 ∨ SS400 25mm B面		
B面 ∨ SS400 25mm A面		

要點 **筆記**

工件的表面狀態不均會改變雷射光的吸收特性，且會大幅影響切割品質。
故必須以能防止鐵鏽、刮傷、污垢等情況產生的方式，採購、存放、
以及管理工件。

修正尺寸精度時的注意要點

　　加工現場對於已預先決定的加工軌跡程式，可調整（補償）雷射光的移動路徑。雖可使用此補償功能修正雷射切割零件的尺寸，但需注意依照圖面指定的公差進行調整。

❶ 切割溝槽寬度與加工尺寸

　　如圖 3-3-36 所示般，如對於圖面的指定尺寸 L1，將雷射光的移動路徑設定在 L1 上時，加工尺寸將變為扣除切割溝槽寬度 W 後的 L2。具體上為單邊減少切割溝槽一半寬度（W/2）的部分，故兩邊合計減少 1 個 W 的寬度，亦即 L2＝L1－W。

　　因此必須先以將單邊減少的 W/2 寬度朝外側移動的方式，調整（補償）路徑後，再進行切割。由於一個連續路徑基本上僅能設定一個補償值，故需注意避免對公差指定內容不同的位置，亦設定了均等的補償值。

❷ 使用補償進行調整的注意要點

　　在圖 3-3-37 之①所示的加工形狀範例中，對 A 指定的公差為±a，對 B 指定的公差為±b。由於設定的補償值將均等的設定至圖面尺寸（A、B）中，故須對加工形狀的所有路徑進行均等的微調（相同補償值）。然而在該圖②所示的加工形狀範例中，A 的指定公差被限定在＋a 般的正向側。而使用補償修正路徑的基本原則，為調整切割溝槽寬度的大小變動（朝±方向擺動）的情況，故無法僅針對 A 邊的尺寸，完全朝正向調整。

　　故加工作業人員須依據設計圖面的指定公差，將加工程式變更為適合雷射加工的內容。也就是必須能以相同補償值，調整整體加工形狀上的切割溝槽寬度變動量。具體作法如該圖③所示般，為了讓補償設定值中心點與圖面尺寸基準一致，必須將 A 之公差的 0 與＋a 之中間值的 a/2，反映至形狀尺寸中，以 A＋a/2 製作程式。尺寸 B 為公差的中心點，故直接以其數值製作成加工程式。藉由此方式，即使是在一個路徑上只能使用相同補償值進行加工的雷射加工機，也能進行高精度的加工。

圖3-3-36 切割溝槽寬度和加工尺寸

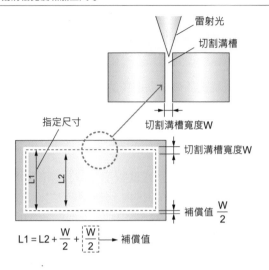

L1 = L2 + $\frac{W}{2}$ + $\boxed{\frac{W}{2}}$ ⟶ 補償值

圖3-3-37 公差指定和補償

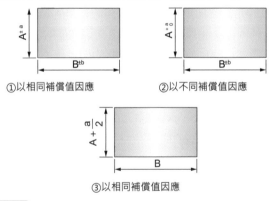

①以相同補償值因應　②以不同補償值因應

③以相同補償值因應

要點 筆記

用於對路徑修正等同切割溝槽寬度量的補償量，會受到聚光點徑的影響。
當因為加工聚焦鏡等部位上的污垢引發熱透鏡效應，或焦點位置設定內容
產生誤差時，光點徑將會改變，需多加注意。

彎折加工時的變形

雷射切割爲利用聚光於微小點徑中的高能量密度熱源,讓工件熔化的熱加工方式。故切割面附近會產生殘留應力,可能對接在切割後實施的後續加工造成不良影響。

❶ 切割部位的加熱與冷卻

雷射切割的優點爲切割溝槽寬度較窄,故對整體工件輸入的熱量較少,一般能將熱變形抑制在極小程度內。然而狹窄的切割溝槽寬度相反的也會形成切割面附近快速加熱,並朝工件內部的方向快速冷卻的狀態。圖3-3-38 爲在切割過程中,熔化金屬造成切割溝槽周圍急速加熱的區域,以及該區域內的熱能自行快速冷卻的示意圖。

❷ 殘留應力之產生

在切割面附近先快速加熱後再快速冷卻的結果,將如圖 3-3-39 所示般,由加工部位朝內部產生殘留應力,其中在切割面附近的應力屬於拉扯的殘留應力,位於其內側的應力則屬於壓縮的殘留應力[7]。此產生於切割溝槽周圍的殘留應力,在加工產品寬度較大,或直接作爲切割板使用的情況下,不會產生問題。但若後續須進行會施加應力的彎折加工等加工時,則須多加注意。

❸ 殘留應力對加工產品的影響

於完成雷射切割後,在切割面附近實施彎折加工時,將產生變形。具體情況如圖 3-3-40 所示般,當將切割面附近的末端彎折 90 度時,將產生圖中所示的凹狀變形。但在遠離切割面,不會受到切割部位產生之熱能影響的位置進行彎折時,則不會發生此變形。

在圖 3-3-41 所示般,加工產品的縱向尺寸(L)與橫向尺寸(W)的長寬比較大的形狀上,也會發生變形。此變形除了會受到因工件溫度上升造成之熱應變影響外,還具有不鏽鋼與鋁材上的變形,會較黑鐵大的特性。

防止變形的對策爲選擇可減少輸入熱量的高聚光性加工條件與振盪器,或是讓工件通過整平器以去除殘留應力等。

圖3-3-38 切割部的加熱和冷卻

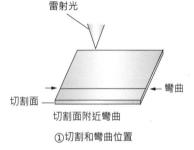

圖3-3-39 切割面周圍的殘留應力

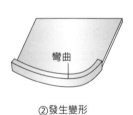

圖3-3-40 發生彎曲變形

①切割和彎曲位置　　　　　②發生變形

圖3-3-41 加工形狀和變形

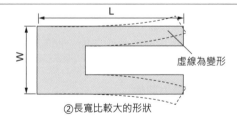

①長寬比較小的形狀　　　　②長寬比較大的形狀

要點 | **筆記**

在急速加熱與急速冷卻後的切割面附近會產生殘留應力，此應力會在
完成雷射切割後產生應變，造成加工精度惡化。此類問題的對策為
必須設定能盡量減少輸入熱量的切割條件。

適用於焊接的接頭

以下說明雷射焊接中的接頭，以及雷射焊接特有的焊道評估方法。

❶ 焊接接頭的種類

雷射焊接最具代表性的接頭如圖 3-4-1 所示，但選擇時必須先考慮各種使用環境後再決定。

- 對接接頭：讓焊接的兩個工件幾乎在同一個面內相互頂住的接頭。若對接面存在間隙，雷射光將由間隙穿越，不會造成工件熔化，故此時需改用能接收到雷射光的襯墊焊或階梯式接頭。

- 搭接接頭：將工件上下重疊的焊接方式。搭接接頭的焊接方式，不存在對接焊接時會產生的間隙，故不會有以對接焊接施工時的重大問題，例如需填補過大的間隙，以及須對對接面進行高精度定位等。屬於在雷射焊接中積極採用的焊接接頭類型。

- 填角焊：對 2 個平面以幾乎直角交接形成的角落（轉角）進行焊接，連接兩個工件面的焊接方式。接頭部位的形狀複雜，當承受拉伸負荷時會產生應力集中，故有強度較對接接頭弱的趨勢。

- 邊緣接頭：將 2 片或超過 2 片以上的需要焊接工件，重疊成幾乎平行且末端面對齊的狀態，對末端面進行焊接的接頭方式。

- 喇叭形接頭：對由圓弧與圓弧（例如由平板經過彎曲加工而成的兩個曲面間，以及兩根鋼管的外側表面之間等）或圓弧與直線形成的凹槽形狀，進行焊接的接頭。

❷ 雷射焊接的能力評估

雷射焊接能力的評估項目圖 3-4-2 所示，在①的非貫穿焊接中，需評估工件表面上的焊道寬度 W，熔化深度 P，位於熔化深度 1/2 處的焊道寬度 W′，以及長寬比 P/W 等。在該圖②的貫穿焊接中，除了上述項目外，還加入了背面的焊道寬度 W″，作為評估能力的項目。

這些評估項目的規格取決於加工對象的要求強度，且會隨著加工條件與工件的物理性質改變。此外考慮到焊接長度越長時，越容易受到熱透鏡

效應的影響,造成品質變化的情況,亦須於開始加工部位與結束部位,比較前述評估項目。

圖3-4-1 | 雷射焊接的典型接頭形狀

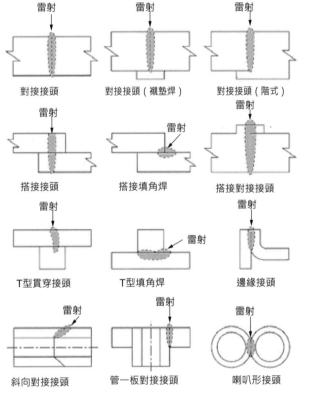

| 對接接頭 | 對接接頭(襯墊焊) | 對接接頭(階式) |

| 搭接接頭 | 搭接填角焊 | 搭接對接接頭 |

| T型貫穿接頭 | T型填角焊 | 邊緣接頭 |

| 斜向對接接頭 | 管—板對接接頭 | 喇叭形接頭 |

圖3-4-2 | 焊接能力的評估

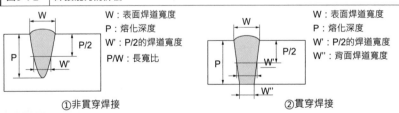

W:表面焊道寬度
P:熔化深度
W':P/2的焊道寬度
P/W:長寬比

①非貫穿焊接

W:表面焊道寬度
P:熔化深度
W':P/2的焊道寬度
W":背面焊道寬度

②貫穿焊接

要點 筆記

聚光於微小點內的雷射光要如何確保定位精度一事,有時會造成問題。
將既有的電弧焊接等方式代換為雷射焊接時,焊接接頭亦須變更設計為適合進行雷射焊接的構造。

對接焊接時的注意要點

　　以微小點進行的雷射焊接，雖具有利用局部熔化讓焊接的應變量較低的優點，但相對的由於焊接部位較狹窄，故對於對接接頭需充分注意。

❶ 切割方法與容許間隙寬度（對接接頭）的關係

　　圖 3-4-3 爲以雷射對板厚 0.15 mm 的不鏽鋼板進行對接焊接時，各種切割方法與最大容許間隙之間的關係。圖中的①爲利用機械加工，對剪切後的切割面下彎處進行修整後的斷面，②爲單剪切後的斷面，③爲雙剪切後的斷面，④則爲雷射切割後的斷面。圖中呈現出使用各種切割方法進行加工的公差，以及將切割面對接時，可進行焊接的最大容許間隙寬度。③的剪切斷面產生的加工公差最大，並且當間隙超過 40μm 時，已超出容許範圍，將引發焊接不良。相對的雷射切割的加工尺寸差異則落在與機械加工同等的 40μm 範圍內，代表可容許至 60μm 的較大間隙。

❷ 對接精度的管理

　　即使是末端面的狀態非常理想的對接接頭，亦須管理**圖 3-4-4** 所示的要素。

(1) 對接部位的間隙

　　容許的間隙 g 會因爲板厚而改變。

　　・板厚 t（mm）大於 1 mm 時：$g \leq \sqrt{t}/10$

　　・板厚 t（mm）小於 1 mm 時：$g \leq t/10$

(2) 對接部位的錯邊（高度差）

　　錯邊 σ 以低於板厚 t（mm）/5 爲基準。

(3) 對接部位目標位置偏移

　　雷射光照射位置與間隙中央位置間的目標位置偏移量 L，以低於 0.1 mm 爲基準。但無法避免產生間隙時，須利用**圖 3-4-5** 所示的光束擺動焊接或供應熔接條的方式因應。

圖3-4-3 切割方法和最大容許間隙

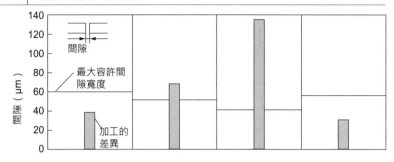

（板厚：0.15mm）

①剪切＋　　　②剪切　　　　③剪切　　　④雷射切割
　機械加工　　　（單）　　　　（雙）

圖3-4-4 對接精度的管理

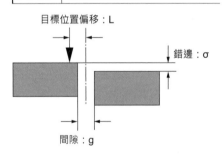

目標位置偏移：L

錯邊：σ

間隙：g

①間隙：g
　・板厚t為1mm以上時：$g \leq \sqrt{t}/10$
　・板厚t為1mm以內時：$g \leq t/10$
②錯邊：σ　　　　　　　$\sigma \leq t/5$
③目標位置偏移：L　　　$L \leq 0.1$

圖3-4-5 光束擺動焊接

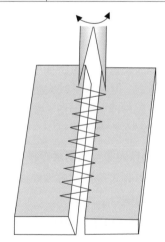

要點 筆記

對於對接接頭而言，工件末端面的形狀與對接精度，會大幅影響焊接品質。通常會採用在前一個工程對工件實施雷射切割，去除切割面的氧化皮膜後，再對切割面進行對接焊接的方法。

嵌合構造上的注意要點

　　嵌合構造與單純的對接接頭不同，焊接品質會受到應力與定位精準度影響，故需注意**圖 3-4-6** 所示的事項 [4]。

❶ 緊箍部分的圓周焊接

　　在內外徑重疊的位置（SEAL PASS），通常會以注意保留 0.013〜0.025 mm 間隙的緊配合狀態固定的方式，進行焊接。但緊配合量不當時，須改用先以熔化深度較淺的暫時性焊接固定至同心圓後，再進行正式焊接的方法。此外進行暫時性焊接時，需使用以雷射來進行的點焊。

❷ 局部熔化的圓周焊接

　　在局部熔化的焊接中會形成楔形焊道，故容易產生直角變形。必須於焊接位置設置排出用溝槽，以獲得接近平行焊道的熔化形狀。但對於拘束力較大的接頭或會承受高應力的用途，須避免使用局部焊接。

❸ 嵌合精準度不佳的對接焊接

　　在對接接頭上須使用階梯式設計，設計成以對接部位底部承接雷射光的構造。但會承受較大應力的接頭，無法使用階梯式設計。此外須盡量避開對象零件上的轉角，將轉角加工成 45 度倒角或倒 R 角，提升零件的組合（密合）精準度。

❹ 圓棒與圓管的對接焊接

　　如有對接接頭會承受低應力，或不希望內側面產生焊道等，較適合使用段差嵌合式接頭。

❺ 階梯式接頭的焊接

　　進行階式焊接時，為調節焊接部位的橫向收縮，必須設置 0.15 mm 左右的間隙。

❻ 有閉密空間的焊接

　　焊接有密閉空間的零件時，務必須設定排氣孔（空氣排出孔）。排氣孔的作用為讓焊接時於密閉空間內產生的物質，能夠由此釋出。

❼ 其他

・在對接接頭上使用襯墊時，需使用與工件相近材質的金屬。最好不要使用在冶金學上與母材不同的材料。

・對於要求能承受高應力，尤其是能改善疲勞強度問題的部分，最好不要使用搭接接頭。

・使用搭接接頭時，必須讓兩個工件緊密貼合，中間不可存在間隙。

圖3-4-6　設法調整接頭

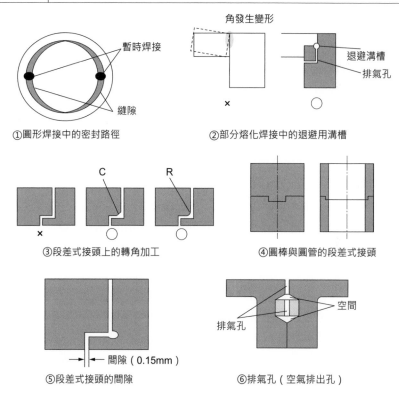

①圓形焊接中的密封路徑　　②部分熔化焊接中的退避用溝槽

③段差式接頭上的轉角加工　　④圓棒與圓管的段差式接頭

⑤段差式接頭的間隙　　⑥排氣孔（空氣排出孔）

要點　筆記

> 進行嵌合構造的雷射焊接時，與平板的單純對接焊接相同，需確保定位精度，並且亦須注意產生的應力，以及密閉空間中產生之物質的處理方式。

常見的焊接不良

雷射焊接中發生的焊接缺陷模式如**圖** 3-4-7 所示 [4]。

❶ 凹陷

焊道與工件的交界處連續產生的凹陷部，此部分容易造成應力集中，導致疲勞強度不足。

❷ 未焊滿

在間隙較大的焊接接頭上，熔化金屬未能填滿空間，形成焊道表面由工件表面或背面內縮的未焊滿狀態。對鋁材或其合金進行貫穿焊接時，亦容易發生未焊滿。

❸ 氣孔（Blow Hole / Porosity）與凹坑

CO、N_2 等氣體形成氣泡而在熔池中留下的痕跡，稱為氣孔（Blow Hole / Porosity），位於焊道表面附近的氣孔有時亦稱為凹坑。

❹ 焊接龜裂

鋁合金與合金鋼可能會在由熔化轉變為凝固時產生龜裂。原因為在焊道的中央部位與末端部位，出現低熔點內含物釋出的情況，造成凝固時的收縮應力集中所致。在含碳量較多的碳鋼中亦會發生。

❺ 焊道隆起

當以極高的速度焊接熔化流動性差的材料時，焊道的表面將變得非常粗糙，形成焊道隆起的現象。有時亦會呈現與優良的焊道表面比較時，宛如遭挖掘過的表面狀態。

❻ 偏移

實際的痕跡線（Trace Line）B 未落在目標痕跡線 A 上的情況，稱為偏移。

❼ 焊濺物

焊接時由熔池高速飛散出的金屬粒子，稱為焊濺物，當焊濺物的金屬粒子過大時，會附著在工件表面與加工鏡上。

❽ 弧坑

　　凝固較慢的熔化金屬在焊道末端部位被誘導至凝固側所形成的凹坑，稱爲弧坑，此弧坑可能會因材料種類與焊接條件等因素的影響而破裂。

❾ 熱變形

　　因焊接時發生的熱能而產生膨脹與收縮的應力，形成熱變形。有時會依據焊接線的方向，將其稱爲扭曲變形或縱向變形。

圖3-4-7　主要焊接不良

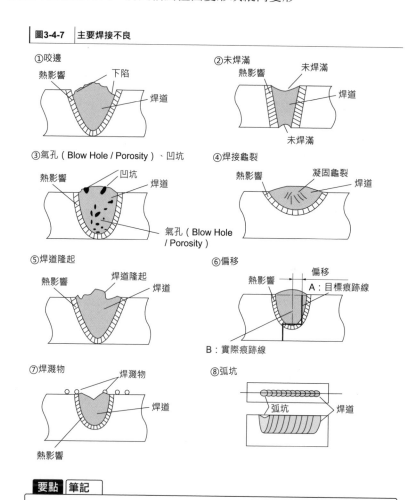

①咬邊

熱影響　　下陷　　焊道

②未焊滿

熱影響　　未焊滿　　焊道　　未焊滿

③氣孔（Blow Hole / Porosity）、凹坑

熱影響　　凹坑　　焊道　　氣孔（Blow Hole / Porosity）

④焊接龜裂

熱影響　　凝固龜裂　　焊道

⑤焊道隆起

熱影響　　焊道隆起　　焊道

⑥偏移

熱影響　　偏移　　A：目標痕跡線　　B：實際痕跡線

⑦焊濺物

焊濺物　　焊道　　熱影響

⑧弧坑

弧坑　　焊道

要點　筆記

利用高能量密度快速對窄小的熔化範圍加熱的雷射焊接，會產生雷射焊接獨有的焊接缺陷。需藉由徹底執行事前選取適切的加工條件與管理工件這兩項作業的方式，防止焊接缺陷發生。

熱處理的種類與加工特性

在雷射熱處理持續實用化的發展中，最具代表性的加工方式如**圖**3-4-8 所示。

❶ 表面焠火

雷射光的照射部位會發生沃斯田鐵轉變，並在雷射通過後因自我冷卻而引發麻田散鐵轉變，進而硬化。由於利用熱能朝工件內部擴散的方式冷卻，故工件須具備冷卻所需的容積（板厚）。此外雷射光的吸收特性會左右焠火性能，故目前主要使用波長較短，吸收特性極佳的半導體雷射與光纖雷射。

❷ 表面熔融（急冷硬化）

以雷射光直接讓工件表面熔融的加工方法，其中又以鑄鐵零件最早被檢討使用雷射加工。急冷硬化鑄造物使用的爲以模具處理工件所有表面的方法，但雷射加工能夠僅將局部部分急冷硬化。由於對大面積的整體表面進行加工時，雷射光重複照射的部分將發生龜裂，故不可採用連續加工方式，必須採用局部加工方式。

❸ 堆焊（熔覆）

在讓添加材料於工件表面層熔化，並覆蓋表面層的熔覆中，提供局部性高能量密度的雷射加工，其稀釋率的控制性將變得極高。使用雷射進行的熔覆共有兩種方法，分別爲粉末供應法與粉末靜置法。相較於以電漿熱源進行的加工方法，具有可使用高熔點的添加材料，能採用低稀釋率，熱應變較小等優點。

❹ 合金化

合金化爲對工件的熔化部分供應合金元素，在表面層形成新組織層的手法。合金化的問題包含形成的合金層組織不均，以及合金層會產生氣孔與龜裂。但可藉由將雷射光的移動條件最佳化，以及防止加工工程與添加材料氧化等方式改善。

❺ 衝擊

利用照射超短脈衝雷射所產生的蒸發作用，進行加工的機械性/物理性材料加工法。利用水中的雷射燒蝕在金屬表面產生高壓電漿後，再將其能量轉換為對金屬內部的衝擊波能量，以其壓力激發金屬表面的殘留應力與加工硬化。在核能產業與航太產業中，被用於防止應力腐蝕龜裂與疲勞破壞發生。

圖3-4-8 | 雷射熱處理的種類和加工方法

分類	施工方法	分類	施工方法
表面焠火 Surface Hardening	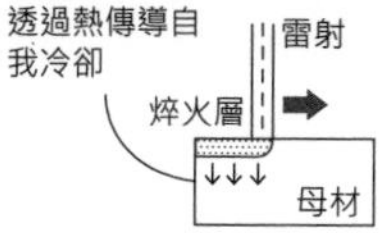 透過熱傳導自我冷卻　焠火層　雷射 母材 S45C時 深度：1.5mm以下 硬度：HRC55～60	合金化 Alloying	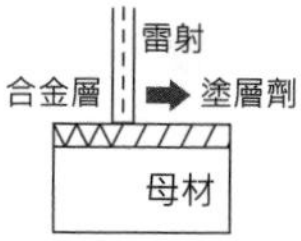 合金層　雷射　塗層劑 母材 Cr合金時 深度：0.5mm以下 硬度：HRC55～65
表面熔融 （急冷硬化） Surface Melting	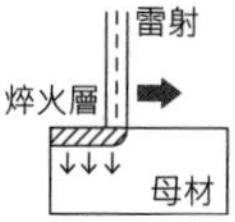 雷射 焠火層 母材 鑄鐵時 深度：1mm以下 硬度：HRC55～60	衝擊 Peening	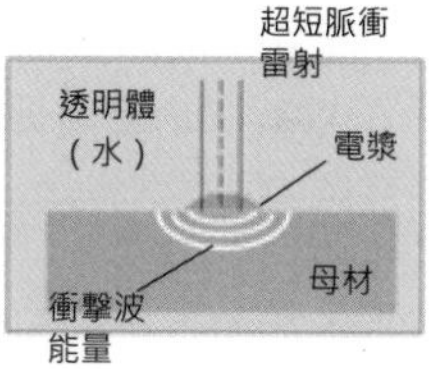 透明體（水）　超短脈衝雷射　電漿 衝擊波能量　母材
堆焊 （熔覆） Clading	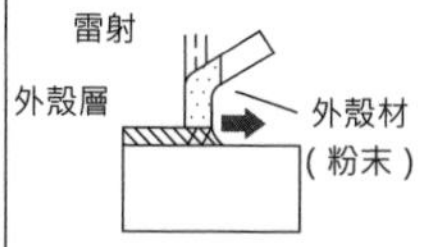 雷射 外殼層　外殼材（粉末） Stellite時 深度：3mm以下 硬度：HRC40～50		

要點　筆記

對工件表面照射低能量密度的雷射光，會導致光束吸收特性下降。
但由於波長較短的光纖雷射與半導體雷射之普及，提升了吸收特性，
因此擴大了雷射熱處理的用途。

常見的雷射焠火不良

希望擴大雷射光的照射寬度（焠火寬度）時，需配合其處理面積的擴大量，使用合適的大輸出振盪器，故導致能一次處理的加工範圍受到限制。亦即必須對大面積內的所有表面進行焠火處理的工件，對於雷射加工而言並不合適。

❶ 對廣大範圍進行焠火的方法

對於廣大範圍的焠火要求，需檢討如圖 3-4-9 所示般，以隔著固定的疊接部位寬度 a 相互鄰接的方式，將雷射光第 1 道次（passes）照射的焠火寬度 h 配置到廣大範圍的 H 中，並反覆進行（1～4）焠火，逐一擴大焠火寬度的方式。

但其中的疊接範圍通常會對已因焠火而硬化的硬化層再次加熱，故將轉變為回火的狀態。

❷ 疊接部分的回火與蓄熱的作用

圖 3-4-10 為使用板厚 13 mm 的 SK3，以 2 mm 的疊接寬度，焠火出雷射光之 1 道次寬度 8mm 時的硬度分布。硬度為由工件表面起算深度 0.2 mm 的位置，朝橫向測得。在該圖的硬化層 1 中未疊接的範圍，最大硬度可達約 Hv800，相對的疊接部分的硬度則降至不到一半的 Hv380。

此外隨著加工不斷進行，未疊接位置的最大硬度也會呈現逐漸下降（硬化層 1：Hv800→硬化層 2：Hv720）的趨勢。這是因連續加工時，熱能不斷蓄熱至加工部位的周圍，導致自我冷卻效果下降所致。

❸ 硬度降低的對策

需進行疊接加工時，可採取由外部強制冷卻，或是由連續加工變更為間歇加工，以確保冷卻時間等對策。相對的在需對廣大範圍進行焠火的加工中，則須設法調整成盡可能減少此疊接部分的雷射光照射模式，以及雷射光的能量分布。

焠火速度的高速化也存在問題。儘管在切割與焊接中，可藉由將雷射輸出高輸出化的方式，將加工速度高速化，但在焠火則需考慮工件內的熱

擴散速度。亦即高速度的加工條件會導致焠火深度變淺，故須設定相對較低輸出的低速度條件。

圖3-4-9 ｜ 廣範圍進行焠火的方法

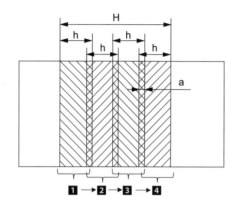

H：要求焠火寬度
h：1道次的焠火寬度
a：疊接部分寬度

圖3-4-10 ｜ 擴大硬化層的課題

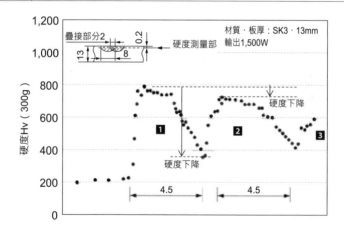

工件影響造成的加工品質下降

進行雷射鑽孔時，即使加工條件合適，仍可能會因工件間的差異或加工中的蓄熱狀態，導致加工品質下降。

❶ 工件板厚差異造成的孔錐度惡化

當工件板厚存在差異，其尺寸涵蓋較小的 t_1 至較大之 t_2 時，若以相同加工條件進行鑽孔加工，由表面直徑與孔底直徑之比率決定的錐度，將出現如**圖 3-5-1** 般的變化。如在板厚為較小之 t_1 的基板 A 上，分別以 a_1、a_2 代表其加工孔表面直徑與孔底直徑時，錐度將變為 a_2/a_1，在板厚為較大之 t_2 的基板 B 上，以 b_1、b_2 分別代表其加工孔表面直徑與孔底直徑時，錐度將變為 b_2/b_1。當以相同輸出條件對此基板 A 與基板 B 進行加工時，其各自的去除量將產生差異，錐度將轉變為以下關係。

$$\frac{a_2}{a_1} > \frac{b_2}{b_1}$$

工件板厚差異造成的孔錐度變化，會導致基板的可靠性下降，故需設定盡可能減少錐度變化的加工條件。

❷ 因工件蓄熱造成之真圓度與孔底品質惡化

圖 3-5-2 為使用雷射加工製作出的孔間間距，對加工孔的真圓度造成的影響。在孔間距較狹窄的模式中，蓄熱至工件的熱能會不斷增加，造成工件的溫度隨著加工進行而上升。溫度較高的工件，藉由雷射光的能量產生的分解作用也會增強，即使能量只有些微變化，也會靈敏的受到影響，造成去除範圍改變。結果使得加工孔的真圓度逐漸惡化。相對的孔間距較寬的模式，不容易發生局部性蓄熱至工件的情況，即使加工不斷進行，工件的溫度上升量依然較少。故除去範圍的變化量縮小，可維持高真圓度。

在去除面積較大的加工中，蓄熱至工件的情況亦可能造成加工品質惡化。**圖 3-5-3** 為以將雷射光重疊的方式，連續進行照射之大面積去除加工中的加工品質劣化情況。若為了抑制蓄熱至加工的影響而選擇低輸出的條件，將導致加工開始部分的孔底產生樹脂殘留。此外若選擇高輸出的條件

時，則會隨著加工進行而貫穿內層銅箔。此類問題的對策為模擬工件的溫度上升情況，設法將加工條件與加工路徑最佳化。

圖3-5-1 因工件板厚差異造成孔精度惡化

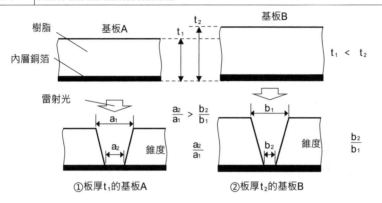

①板厚 t_1 的基板A　　　②板厚 t_2 的基板B

圖3-5-2 因工件蓄熱造成之孔精度惡化

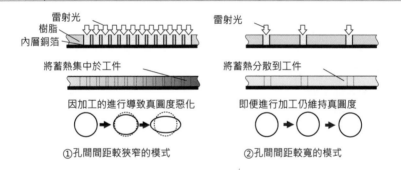

雷射光
樹脂
內層銅箔

將蓄熱集中於工件　　　將蓄熱分散到工件

因加工的進行導致真圓度惡化　　　即便進行加工仍維持真圓度

①孔間間距較狹窄的模式　　　②孔間間距較寬的模式

圖3-5-3 因工件蓄熱造成發生樹脂殘留

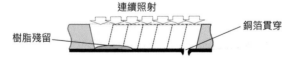

連續照射
樹脂殘留
銅箔貫穿

要點 **筆記**

進行雷射鑽孔時，必須設定能抑制工件板厚差異對加工造成之影響的脈衝射擊數與輸出條件。此外也會採取模擬工件的溫度上升情況，設法將加工條件與路徑最佳化的措施。

光學零件劣化造成的加工品質下降

　　鑽孔屬於不使用輔助氣體，讓雷射光的照射部位蒸發與去除的加工方式，故工件產生的粉塵極易造成加工品質下降。

❶ 粉塵之產生

　　圖 3-5-4 爲工件照射到雷射光部位的粉塵產生狀態。在雷射切割的情況下，加工中產生的物質會透過切割溝槽朝下方排出，故加工部位的粉塵污染上方光學零件的可能性極低。相對的鑽孔大多爲非貫穿型加工，由工件產生的粉塵會朝雷射光的照射方向飛散。故鑽孔用的雷射加工機會對工件表面吹氣，並由設置在相反方向的輸送管吸取粉塵，以避免粉塵附著在保護鏡上，然而當爲了縮短加工時間而使用高輸出條件，或加工的工件板厚較厚時，粉塵的產生量與飛散速度皆會增加，導致粉塵附著於保護鏡下方的可能性提高。此外對表面有銅箔的工件鑽孔時，飛散的金屬粉塵亦非常容易附著在保護鏡上。

❷ 加工品質下降

　　當保護鏡上的雷射光通過位置存在污垢時，通過該位置的雷射光將被污垢部分吸收，導致加工能量下降。結果將如圖 3-5-5 所示般，造成能量下降位置的鑽孔加工去除量減少。甚至會導致開孔的眞圓度與錐度改變，或孔底發生樹脂殘留的情況。若整體鑽孔加工區域的去除量皆不足，應爲射入 f θ 鏡片的雷射光能量已衰減所造成。若僅有部份加工區域（局部性）的去除量不足，則爲保護鏡上的污垢所造成。

　　其對策爲清潔保護鏡，如已定期實施清潔作業時，則需縮短實施時間的間隔。此外清潔時需注意避免造成保護鏡表面的鍍層受損。另外集塵能力不足亦爲可能的原因之一，故需一併確認是否具備原廠指定的集塵能力。

圖3-5-4 發生粉塵

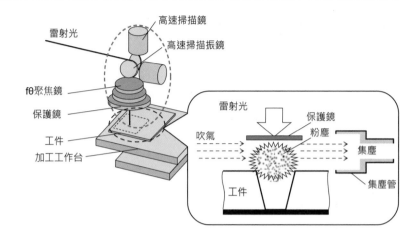

圖3-5-5 光學零件劣化造成的加工品質下降

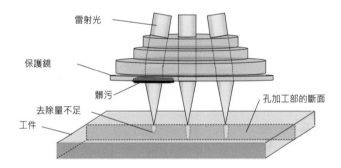

要點 筆記

不會以與雷射光同軸的方式噴射輔助氣體的鑽孔加工，可能會因加工時產生的粉塵導致加工品質下降。必須確認有無有效執行光學零件的清潔作業與去除粉塵作業。

維護保養的目的

　　爲了讓雷射加工機以穩定且令人安心的狀態運作，必須將加工機的性能維持在良好狀態。因此需計畫性的實施維護保養作業，並預防性的更換消耗品。

❶ 突發型故障的影響

　　發生突發型故障時，會連帶造成下列機會損失與生產損失，以及信用度下降或暴跌，故需積極的設法避免故障發生。

- 　機會損失：因加工機停工而無法承接工作的損失。
- 　生產損失：因加工機停工導致產量減少或委外代工的損失。
- 　信用度下降或暴跌：因加工機停工造成顧客委託的業務量減少或停止往來。

　　一般因應突發型故障的方式，爲圖 3-6-1 所示的維護保養作業。

(1)　預防性維護保養

　　分別對各零件規定耐用年數與耐用時間，並在使用超過一定期間的階段進行更換的維護保養方法。藉由實施預防性維護保養的方式，能計畫性的執行作業，降低故障發生的可能性，故可將加工機停工的時間抑制在維護保養時間內。

(2)　事後維護保養

　　在加工機已發生故障的階段，以及功能或性能已出現顯著異常的階段，方實施修理等處置的方式。由於屬於需中斷生產將設備復原的作業，故會打亂生產計畫。

❷ 預防性維護保養與事後維護保養的概念

　　圖 3-6-2 爲預防性維護保養與事後維護保養對維持雷射加工機品質之影響的示意圖。配合加工機的生命週期更換零件的預防性維護保養，可維持加工機的品質，但事後維護保養卻會造成品質逐漸下降。儘管在零件故障前即進行更換的預防性維護保養，會讓人擔心成本增加，但卻能正確的管理加工機的運作績效，以及零件的更換與維修記錄，並配合加工機的生

命週期更換零件。故如**圖 3-6-3** 所示的維護成本示意圖般，加工機長期運作期間的預防性維護保養成本，已變為獲得正向評價。

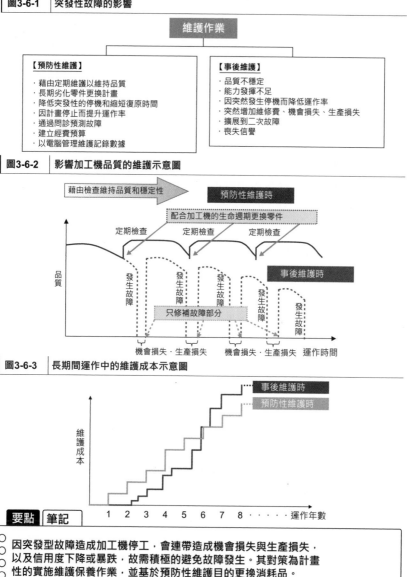

圖3-6-1 突發性故障的影響

維護作業

【預防性維護】
・藉由定期維護以維持品質
・長期劣化零件更換計畫
・降低突發性的停機和縮短復原時間
・因計畫停止而提升運作率
・通過問診預測故障
・建立經費預算
・以電腦管理維護記錄數據

【事後維護】
・品質不穩定
・能力發揮不足
・因突然發生停機而降低運作率
・突然增加維修費、機會損失、生產損失
・擴展到二次故障
・喪失信譽

圖3-6-2 影響加工機品質的維護示意圖

藉由檢查維持品質和穩定性

預防性維護時

配合加工機的生命週期更換零件

定期檢查　定期檢查　定期檢查

品質

發生故障　發生故障　發生故障　發生故障　發生故障

事後維護時

只修補故障部分

機會損失・生產損失　機會損失・生產損失　運作時間

圖3-6-3 長期間運作中的維護成本示意圖

事後維護時
預防性維護時

維護成本

1　2　3　4　5　6　7　8 ・・・・ 運作年數

要點 **筆記**

因突發型故障造成加工機停工，會連帶造成機會損失與生產損失，以及信用度下降或暴跌，故需積極的避免故障發生。其對策為計畫性的實施維護保養作業，並基於預防性維護目的更換消耗品。

消耗品的基礎

由大量零件組成的工具機，其構成的機械要素中以隨著設備運作而劣化為前提的零件，稱為消耗品。雷射加工機與其他工具機之間最大的差異，在於其使用了處理雷射光用的光學零件，以及以高速且高精準度加工所需的專用零件。故必須定期更換消耗品與確認性能。尤其光學零件會因老舊劣化導致反射率與穿透率下降，以及因髒污造成吸收率增加，使得能力顯著下降。

以下將主要消耗品分類為日常消耗品，排除輕度故障用消耗品、排除嚴重故障用消耗品、以及長期劣化消耗品，並分別進行介紹（圖 3-6-4）。

❶ 日常消耗品

此消耗品為須由使用者更換的零件，由於可藉由定期更換的方式維持品質，故需持續持有備用品。日常消耗品可由使用者持有並自行更換的優點，為可避免原廠派遣的維修技師費用，以及由維修技師到達至維修完成期間的機會損失與生產損失發生。

❷ 排除輕度故障用消耗品

此消耗品為當發生故障時，使用者可輕易更換的零件，由於可依照更換步驟書進行更換，故建議由使用者作為備用品持有。排除輕度故障用消耗品由使用者持有的優點，為能防止需待命至零件到達為止所產生的機會損失與生產損失發生，且在短期內即可復原。

❸ 排除嚴重故障用消耗品

此消耗品為當發生故障時，無法由一般使用者更換的零件，但如為藉由對維護能力等級較高的人員實施教育訓練所確保的使用者，仍可依據更換步驟書進行更換。屬於可藉由持有此類零件的方式，縮短復原時間的消耗零件。

❹ 長期劣化消耗品

此消耗品為故障時不可由使用者更換，且由原廠技師進行更換的作業亦須耗費多天的高價零件。必須在零件出現劣化徵兆的階段，即計畫性的讓加工機停工，進行預防性更換。

　　請如**圖 3-6-5** 所示般，依據雷射加工機使用環境的設備稼動率、生產工程、工廠所在地、預算等事項，選擇消耗品。當然消耗品的持有量越多時，越能讓人安心，但相對的卻會造成維護成本上升，故需配合使用環境找出平衡點。

圖3-6-4 ｜ 消耗品的分類

離子交換樹脂　　噴　嘴　　加工聚焦鏡　　　銅反射鏡　　靜電電纜　　絕緣材料
①日常消耗品　　　　　　　　　　②排除輕微故障用消耗品

前端轉接器　　直線導軌　　變頻器　　　蛇腹管　　軸流送風機　　電極
③排除嚴重故障用消耗品　　　　　④長期劣化消耗品

圖3-6-5 ｜ 影響加工機品質的維護示意圖

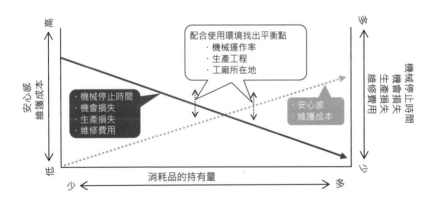

要點　筆記

雷射加工用的消耗品，分類為日常消耗品，排除輕度故障用消耗品、排除嚴重故障用消耗品、以及長期劣化消耗品，需配合加工機的使用環境決定準備範圍。

維護成本

　　雷射加工機的維護業務會在消耗品、維護合約、定期檢查等部分,產生不少費用。尤其是突發性故障會產生超乎預期的費用,故需分析維護成本,事先將其納入預算中。

　　以下使用**圖3-6-6**的範例,說明維護成本的分析方式。

❶ 使用消耗品的各部位分類

　　對於分析消耗品的實際使用情況與產生成本而言,事先依據該零件使用的單元進行分類的作法,能有效掌握細節。

❷ 消耗品安裝於加工機上的數量與採購單價

　　此欄位用於記載消耗品的單價,以及安裝在雷射加工機上的數量。消耗品的安裝數量,包含一次更換全部與局部更換兩種情況。另外亦可能有離子交換樹脂般,以量記載的情況。

❸ 消耗品的各年使用數量與合計價格

　　此欄位用於記載消耗品的使用頻率、使用數量、以及由單價計算的各消耗品合計金額。在此圖的範例中,由於每年使用 5 個零件 A,故合計金額為 5×A 零件的單價。

❹ 記載消耗品的預估使用依據與注意事項等

　　由於消耗品的更換時期無法確定,故請利用備註欄等處,記錄下預估更換的依據等內容。此外記載消耗品採購時期與實際使用情況等注意事項一事,亦非常重要。

❺ 消耗品的更換年數取決於運作時間

　　消耗品的更換時期並非以年為單位,必須配合以運作時間決定的生產計劃,分配使用數量。零件 D 預估以等同 2 年的時間間隔進行更換。

❻ 只計算消耗零件費用的全年成本合計值

　　此欄位記載全年採購消耗品的總金額。

❼ 維護合約費或排除突發性故障的經費等

針對維修費用比較維護合約、定期檢查、以及突發性故障時，突發性故障有時會將非原本的故障零件，而是受其波及引發的衍生故障零件，列為其他維修費用處理。另外儘管會因為加工機的稼動率而改變，但通常突發性故障的排除費用相對較高。

❽ 維護保養產生的合計成本

維護保養產生的所有費用。

圖3-6-6　維護成本的模擬

分類	項目	❶安裝數量	單價	❷	第1年 數	第1年 合計金額	第2年 數	第2年 合計金額	第3年 數	第3年 合計金額	第4年 數	第4年 合計金額	第5年 數	第5年 合計金額	❹備註
振盪器・頭	零件A	1	A####		5	5A####	5	5A####	5	5A####	5	5A####	5	5A####	
	零件B	1	B####		1	B####	1	B####	1	B####	1	B####	1	B####	
	零件C	2	C####		2	2C####	2	2C####	2	2C####	2	2C####	2	2C####	
	零件D	1	D####				1	D####				1	D####			
	零件E	1	E####						1	E####					
電源	零件F	1	F####						1	F####					
冷卻裝置	零件G	1	G####		2	2G####	2	2G####	2	2G####	2	2G####	2	2G####	
加工機	零件H	1	H####		3	3H####	3	3H####	3	3H####	3	3H####	3	3H####	
	零件I	10	I####		20	20I####	20	20I####	20	20I####	20	20I####	20	20I####	
	零件J	3	J####		2	2J####	2	2J####	2	2J####	2	2J####	2	2J####	
每年消耗品合計						K1#####		K2#####		K3#####		K4#####		K5#####	❻
維護合約費等						L1#####		L2#####		L3#####		L4#####		L5#####	❼
每年維護合計						M1#####		M2#####		M3#####		M4#####		M5#####	❽

❶使用消耗品的各部位分類
❷消耗品安裝於加工機上的數量與採購單價
❸消耗品的各年使用數量與合計價格
❹記載消耗品的預估使用依據與注意事項等
❺消耗品的更換年數取決於運作時間
❻只計算消耗零件費用的全年成本合計值
❼維護合約費或排除突發性故障的經費等
❽維護產生的合計成本

要點｜筆記

藉由將維護所需成本預算化的方式，可使產生的費用穩定化。此外事先利用試算表軟體統計全年產生費用的方式，也能更容易的將維護成本反映至整體經費中。

加工時間的估算方法

　　於加工前由加工形狀計算出加工時間的作業，在分析生產性、生產事前準備、試算運行成本等方面，具有非常重要的作用。此外計算出的加工時間越正確時，越能提升此類分析與試算的精確度。

❶ 切割的加工時間估算方法

　　雖能利用將切割的路徑長度除以切割速度的計算方式，求出切割時間，但此方法計算出的結果會較實際時間短。原因在於未考慮穿孔時間、至穿孔為止的距離（穿孔助走線）、以及切割速度的加減速等因素。

　　在圖 3-7-1 的切割形狀中，將因為在 3 處開始切割部位的穿孔（1）與穿孔助走線（2），導致加工時間增加。到達邊緣部位時，將啟動由邊緣前方開始減速，並在通過邊緣後進行加速的控制功能。小角度邊緣（3）的加減速動作較大角度邊緣（4）大，故會造成加工時間增加。同樣的在由穿孔助走線進入圓周加工起點（5）的轉角部位，亦會轉變為開始加減速的狀態。估算時通常須加入這類邊緣部位的處理所需時間。直線（6）部分由於能以固定速度切割，故時間會接近計算值。除以上因素外，亦須考慮工件搬入與搬出的時間。

❷ 焊接、熱處理的加工時間估算方法

　　加工速度較慢的焊接與熱處理，基本上可由加工的路徑長度與加工速度的關係，求出加工時間（圖 3-7-2）。當加工零件的數量較多，或加工路徑較複雜時，工件搬入搬出所需的時間比例將會增加。

❸ 鑽孔的加工時間估算方法

　　決定鑽孔加工時間的關鍵因素，包含屬於雷射照射條件的每孔脈衝時間、照射次數、脈衝模式（連續模式或循環模式），以及雷射光的定位速度。雷射照射條件可依據設定的脈衝頻率計算出，但雷射光的定位需事先確認圖 3-7-3 所示的高速掃描振鏡與工作台的控制方式，修正加工時間。在高速掃描振鏡的掃描對象為 6 個區域（該圖①）的情況下，工作台需移動 5 次，在掃描對象為 12 個區域（該圖②）的情況下，則需移動 11 次。

此外採用的為先讓加工台停止移動後再進行雷射加工，或是邊移動邊加工的控制方式（該圖③），亦會大幅影響加工時間。

圖3-7-1 切割的加工時間

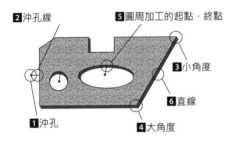

2 沖孔線　　　**5** 圓周加工的起點‧終點

3 小角度

6 直線

1 沖孔　　　**4** 大角度

圖3-7-2 焊接、熱處理的加工時間

焊接長度

圖3-7-3 鑽孔的加工時間

①高速掃描振鏡區域大時　　　②高速掃描振鏡區域小時

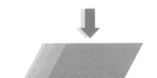

加工工作台驅動 → 停止後進行雷射加工　　　加工工作台驅動的同時雷射加工

③工作台驅動方式的效果

要點 筆記

如能在加工前更正確的計算出加工時間，可更有效果的實施生產性分析、生產事前準備、試算運行成本的作業。尤其是在雷射加工的承包業務中，能在短時間內正確計算出加工時間一事，是對顧客回覆交期與估價內容不可或缺的能力。

運行成本的試算方法

　　在能滿足單品、小批量、到大批量之各種需求的雷射加工中，若未能充分管理成本，可能會對營業活動造成妨礙，甚至無法獲利。尤其估算成本的業務具有要求精確度與作業非常繁雜的趨勢，但只要能掌握基礎知識，絕非困難的業務。

❶ 運行成本的內容

　　圖 3-7-4 爲運行成本內容的分析，以及決定運行成本的加工條件與各種費用之間的關係。此外加工速度雖被列爲直接影響產品加工之加工時間的因素，但正確做法爲仍需計算出加工時間。

(1)　雷射氣體成本

　　因 CO_2 氣體雷射振盪器使用的雷射氣體產生的成本，在光纖雷射振盪器上不會產生此費用。成本的計算方式如下。

> 雷射氣體單價×每時間單位的氣體消費量×加工時間

(2)　電力成本

　　作爲產生雷射光，以及加工機與週邊設備等加工機系統之動力來源，所消費的電力成本。尤其成本會因使用的振盪器振盪效率，以及加工條件的設定輸出，而出現巨大差異。

> 電費單價×加工機系統的消費電力×加工時間

圖3-7-4 運行成本內容

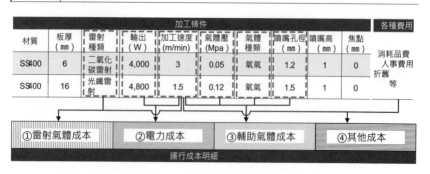

				加工條件					各種費用
材質	板厚 （mm）	雷射 種類	輸出 （W）	加工速度 （m/min）	氣體壓 （Mpa）	氣體 種類	噴嘴孔徑 （mm）	噴嘴高 （mm）	焦點 （mm）	消耗品費 人事費用 折舊 等
SS400	6	二氧化 碳雷射	4,000	3	0.05	氧氣	1.2	1	0	
SS400	16	光纖雷 射	4,800	1.5	0.12	氧氣	1.5	1	0	

①雷射氣體成本	②電力成本	③輔助氣體成本	④其他成本

運行成本明細

(3)　輔助氣體成本

　　加工中使用的輔助氣體消費量產生的成本，需以下方內容計算。因氣體而使用壓縮機的部分，須列為電力成本計算。

> 輔助氣體單價×每時間單位的氣體消費量×加工時間

(4)　其他成本

　　其他成本需納入消耗品費用、人事費用、裝置折舊費等產生的各種經費在內，進行計算。此時亦須先將產生的費用換算為每加工時間單位的費用後，再進行計算。

❷　運行成本試算方法

　　圖 3-7-5 為將其他成本排除在外，僅計算使用光纖雷射進行切割（①）與焊接（②）時的運行成本試算範例。由於電費單價與氣體單價會因所在地區的各種條件改變，故僅供參考。加工機的消費電力亦會因製造商與機種而改變，故須向負責引進的廠商確認。

圖3-7-5　切割、焊接運行成本試算例

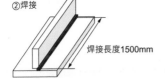

①切割

材質‧板厚：SS400‧6mm
全切割周長：2,400mm
輸出：4kW
加工速度：3m/min
加工時間：54s
（大於全切割周長/加工速度）
氣體種類：氧氣
氣體壓力：0.05Mpa

1 雷射氣體成本
　〔0（光纖雷射）〕
　4.9日圓/L［氣體單價］×0.2～30L/h［消費量］×0.015h（54s）［加工時間］（CO_2雷射）
2 電力成本
　20日圓/kWh［電力單價］×59kW［消費電力］×0.004h（15s）［加工時間］
3 輔助氣體成本
　2.3日圓/L［氣體單價］×20L/min［消費量］×0.25min（15s）［加工時間］
4 其他成本
　10～100日圓/min［依照涵蓋的對象和設備］×0.25min（15s）［加工時間］

②焊接

焊接長度1500mm

材質‧板厚：SUS304‧8mm
焊接長度：1,500mm
輸出：8kW
加工速度：6m/min
加工時間：15s（焊接長度/加工速度）
氣體種類：氬氣
氣體流量：20L/min

1 雷射氣體成本
　0（光纖雷射）
2 電力成本
　20日圓/kWh［電力單價］×59kW［消費電力］×0.004h（15s）［加工時間］
3 輔助氣體成本
　2.3日圓/L［氣體單價］×20L/min［消費量］×0.25min（15s）［加工時間］
4 其他成本
　10～100日圓/min［依照涵蓋的對象和設備］×0.25min（15s）［加工時間］

❸ 運行成本試算（由實際加工績效計算）

在加工形狀的資訊不足或加工種類非常繁多等情況下，無法事先模擬加工時間，故被要求依據實際加工績效試算運行成本。此時須將成本區分為讓雷射輸出振盪進行加工時，以及加工待命時（閒置時）的兩種情況，分別試算成本。加工時雖會產生較大的電力成本與輔助氣體成本，但閒置時電力成本將下降，且不會產生輔助氣體成本。故需以考慮稼動率的以下方式進行試算。

> 加工時成本×稼動率＋閒置時成本×（1－稼動率）

圖 3-7-6 為使用已依據工件的加工條件與加工績效釐清的加工時間與稼動率，試算運行成本的範例。

圖3-7-6 │ 從加工實際績效試算運行成本

軟鋼厚板的切割

材質・板厚：SS400・12mm
全切割周長：不詳
形狀種類：8種以上
輸出：4kW
加工時間：5h
運作率：60%
氣體種類：氧氣
氣體壓力：0.05MPa

1 雷射氣體成本
〔0（光纖雷射）〕
4.9日圓/L [氣體單價] ×0.2～30L/h [消費量] [×5h] [加工時間]（CO2雷射）
2 電力成本
20日圓/kWh [電力單價] ×58kW [消費電力] ×5h [加工時間] ×60% [運作率]
20日圓/kWh [電力單價] ×8kW [閒置時消費電力] ×5h [加工時間] ×40% [1-運作率]
3 輔助氣體成本
0.2日圓/L [氣體單價] ×65L/min [消費量] ×5h [加工時間] ×60% [運作率]
4 其他成本
10～100日圓/min [依照涵蓋的對象和設備] ×300min（5h）[加工時間] ×60% [運作率]

要點 筆記

以高精確度試算運行成本的要求日益提升。試算成本的基礎為消費材料的單價×消費量，此處計算正確的消費量時，需使用加工時間的實際績效或模擬結果。

專欄

● 雷射加工機搖籃期的事件 ●

世界首次振盪出雷射的時間為1960年,而筆者所屬的三菱電機在7年後的1967年,就開始展開CO_2雷射的基礎研究。1981年領先同業首度將高頻放電激發的1kW振盪器商品化,且在這段期間內亦同時進行加工技術的研發。

當時身為雷射先進國家的美國,主要將雷射加工使用於焊接與焠火用途,極少用於切割用途。本公司亦曾參考文獻等資料,嘗試推動焊接與焠火業務,但當時市場的需求非常有限。另一方面在切割的部分,儘管已能輕鬆切割紙張與塑膠,但仍未能順利切割金屬,即使是板厚僅有1mm左右的金屬,也只能讓其分離,無法獲得堪用的切割品質。當時雷射加工屬於非常罕見的新技術,因此各界委託切割樣品的加工案件不斷湧入。由於當時委託方與廠商皆無相關經驗,故只能以相互摸索的方式進行加工。其中最讓人印象深刻的失敗案例為冷凍鮪魚的去尾,切割洋蔥與乾香菇,切割吐司,馬鈴薯剝皮等,這些案例皆出現異常臭味與熱變質,在附加價值的觀點下,離實用化仍非常遙遠。藉由如此不斷重複嘗試錯誤的方式開發用途的結果,方得以讓使用雷射切割金屬的方式,成為目前最大的用途。若列舉讓金屬切割的加工品質獲得飛躍性成長的重要事件,應該會讓人聯想到研發出①長時間維持雷射光品質,②振盪出高峰值脈衝,③光束模式的可變控制,④圓偏光度的提升,⑤輔助氣體的高精準度控制等技術。這些加工原理的相關知識,在如今探索新材料的加工條件時,應該依然有幫助。

切割面變色,難以辨認	難以縮短加工時間	燃燒	變成吐司	難以進行芽部(凹部)加工
冷凍鮪魚的去尾	切洋蔥	切乾香菇	切土司	馬鈴薯剝皮

初期加工案例

【參考文獻】

1） 中野正和：最近的吸收率數據、ALEC、JWES、LMP 委員會、2000LMP-本-09（2000）

2） 金岡優：雷射加工實務圖解　第 2 版　CO_2 ＆光纖雷射作業的要點　日刊工業新聞社（2013）

3） 金岡優：以雷射加工推動的工法轉換　絕對有助於產品設計的實踐專業知識　日刊工業新聞社（2016）

4） 金岡優：機械加工現場診斷系列 7 雷射加工　日刊工業新聞社（1999）

5） 金岡優與另 1 位作者：CO_2 雷射的切割品質與輔助氣體的相關研究、日本機械學會論文（C 篇）、59 卷 562 號、350，356（1993）

6） 金岡優：雷射加工實務圖解　作業的要點與問題排除　日刊工業新聞社（2007）

7） 布施雅之與另兩位作者：雷射切割時的被加工母材熱變形特性相關研究　精密工學會誌 Vol.70,No.2　257-262（2004）

【 索 引 】

【作者簡介】

金岡　優 (Kanaoka Masaru)

三菱電機株式會社 產業機電事業部主席技師

1983 年　修畢北海道大學研究所碩士課程

1983 年　進入三菱電機株式會社 任職於該公司名古屋製作所

1993 年　取得學位（工學博士）

1997 年　就任三菱電機株式會社雷射系統部加工技術課長

2000 年　就任三菱電機株式會社雷射系統部品質保證課長

2002 年　就任三菱電機株式會社 GOS 集團經理

2013 年　就任三菱電機株式會社產業機電事業部主席技師

2018 年～現職

期間亦陸續擔任名古屋大學兼職講師、光產業創成大學院大學客座教授、北海道大學客座教授等職務。

主要著作

「機械加工現場診斷系列 7 雷射加工」（日刊工業新聞社）1999 年

「雷射加工實務圖解　作業的要點與問題排除」（日刊工業新聞社）2007 年

「雷射加工實務圖解　第 2 版　CO_2＆光纖雷射作業的要點」（日刊工業新聞社）2013 年

「以雷射加工推動的工法轉換　絕對有助於產品設計的實踐專業知識」（日刊工業新聞社）2016 年

國家圖書館出版品預行編目資料

易懂!實用!雷射加工入門 / 金岡優編著. -- 初版.
-- 新北市：全華圖書股份有限公司, 2021.08
面； 公分
ISBN 978-986-503-846-5(平裝)
1.雷射 2.金屬工作法
472.175　　　　　　　　　　110013027

易懂！實用！雷射加工入門

作者 / 金岡 優

發行人 / 新武股份有限公司

出版者 / 新武股份有限公司

地址 / 新北市五股區五工二路 122 號

電話 / (02)2299-2355

初版一刷 / 2021 年 09 月

定價 / 新台幣 350 元

ISBN / 　978-986-503-846-5 (平裝)

經銷商 / 全華圖書股份有限公司 總經銷

地址 / 23671 新北市土城區忠義路 21 號

電話 / (02)2262-5666 傳眞 / (02)6637-3696

圖書編號 / 10519

全華網路書店 / www.opentech.com.tw